관찰과 표현의 과학사

하늘을 그리다

글·그림 김명호

관찰과 표현의 과학사

― 하늘을 그리다 ―

글·그림 김명호

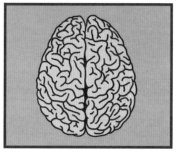

이데아

● 일러두기

1. 원어는 괄호 안에 표기했으며, 라틴어는 이탤릭체로 표기했습니다.
2. 책명 중 일부 라틴어 제목의 경우 해석하지 못해 원어만 표기했습니다.
3. 책명에는 '『 』'를, 미술작품명에는 '< >'를 붙였습니다.

머리말

사람은 오감을 가지고 있다. 청각, 후각, 미각, 촉각, 시각이 그것이다. 우리는 이 다섯 가지 감각을 통해 외부로부터 정보를 받아들인다. 하지만 그 비중은 동일하지 않다. 우리는 오감 중에서도 시각에 크게 의존한다. 어떤 소리가 들리거나, 이상한 냄새나 맛이 나거나, 팔에 뭔가 묻은 것 같으면 반드시 눈으로 확인하려 한다. 그래서 사람을 시각의 동물이라고도 한다.

정보의 해석에 있어서도 마찬가지다. 우리는 어떤 사물이나 상황에 대해 듣거나 읽을 때, 그에 대한 상(像)을 머릿속으로 그린다. 아무것도 떠올리지 못하면 이해할 수 없다. 과학책이 어려운 이유는 전문 용어가 뜻하는 것에 대한 이미지를 떠올리지 못하기 때문이다. 수학이 어려운 이유도 마찬가지다. 객관성을 위해 극도로 추상화된 숫자와 기호로 인해 수식을 보아도 어떠한 상을 떠올리기란 쉽지 않다. 따라서 이해하기 힘들다. 바꿔 말하면, 이해하지 못하니 상이 떠오르지 않는다. 수학자들은 수식에서 우주의 아름다움을 보지만, 수학을 모르는 이들은 우주의 심연과 마주하는 이유다.

이처럼 사람은 시각중심적이기 때문에 그림이나 사진과 같은 시각 정보가 말이나 문자보다 정보를 전달하는 데 훨씬 효과적이다. 예를 들어 코끼리를 본 적 없는 사람들에게 그 생김새를 말로 전달한다고 가정해보자. 아무리 잘 묘사하더라도 상대가 머릿속에 떠올리는 코끼리 상은 제각각일 것이다. 이러한 경우 언어적 묘사가 갖는 정보의 가치는 매우 낮다. 언어 정보는 시각적 해석의 과정을 거치면서 상대의 배경지식에 따라 왜곡된다. 반면 코끼리 그림은 시각적 해석의 과정 없이 빠르고 직관적으로 수용된다. 이미지 정보는 해석의 불확실성을 낮춘다.

인류는 일찍부터 그림으로 정보를 주고받았다. 선사 시대의 동굴 벽화를 비롯해 고대 언어의 그림문자에서 이를 엿볼 수 있다. 문맹률이 높았던 시대에는 깃발에 기호나 상징을 그려서 같은 편임을 인식했고, 이는 지금까지 이어져 아이콘, 로고, 픽토그램이 되었다. 현재는 그림과 사진을 넘어 영상으로 정보를 전달하고 있다. 바야흐로 말의 시대, 문자의 시대를 지나 이미지의 시대가 도래했다.

그러나 몇 가지 의문이 떠오른다. 과연 우리는 모두 동일한 것을 보고 동일한 해석을 내릴까? 결코 그렇지 않다. 같은 꽃을 보더라도 누군가에겐 분홍꽃이지만, 꽃을 아는 사람은 '분홍색 꽃'이 아닌 진달래 꽃을 인식한다. 혹은 작은 차이를 눈치채고 그 꽃이 진달래가 아닌 철쭉 임을 알아챌 수도 있다. 즉, 동일한 것을 보더라도 개인은 자신이 아는 범위 안에서만 볼 수 있다. 시각 정보는 개인의 배경지식에 따라 다른 수준에서 해석된다. 자신이 본 것을 그림으로 표현하게 하면 그러한 차이는 더욱 명확하게 드러난다.

그림은 눈에 보이는 것을 종이 위에 옮겨 그리는 단순하고 수동적인 행위라고 생각하는 이들이 있다. 이러한 생각은 각 개인이 같은 사물을 보고 같은 수준의 정보를 인식한다고 전제할 때만 옳다. 그러면 그림을 배운 사람과 안 배운 사람 사이에는 단지 세련됨의 차이만 있을 뿐 개인들이 그린 그림이 담고 있는 정보는 같을 것이다. 하지만 앞서 이야기했듯 우리는 아는 만큼만 볼 수 있다. 따라서 그림이 눈으로 본 것을 옮기는 행위라면 그것은 아는 것을 그리는 행위라는 말이기도 하다. 이러한 이유로 같은 대상을 그리더라도 그림은 사람에 따라, 의도에 따라 달라진다. 그림은 눈에 보이는 것을 종이 위에 수동적으로 옮기는 행위가 아닌, 내가 아는 것을 바탕으로 대상을 인식하고 해석하는 능동적인 행위다.

여기에 더해 사실적인 묘사, 원근법, 투시와 같은 그림의 양식은 선천적인 기술이 아닌, 그 시대의 문화, 철학과 같은 외부적인 요인들에 영향을 받으며, 시간을 들여 습득해야 하는 후천적인 기술이다. 예를 들어 사물을 관찰하고 사실적으로 묘사하는 것이 언제나 당연했던 것은 아니다. 중세 유럽에서 그림은 종교적 내용을 담은 일종의 그림 문자처럼 여겨졌고, 따라서 정해진 규칙에 따라 그려야 했기 때문에 화가들이 사물을 관찰하고 그리는 일은 흔치 않았다. 중세를 지나면서 등장한 실재 사물의 사실적 묘사, 원근법은 현실을 관찰하고 이를 정확히 기록하고자 하는 목적과 시각적 감각의 중요성에 대한 철학적, 문화적, 시대적 변화 등에 기인한 것이다.

이처럼 지식과 시각(관찰)과 그림(표현)은 서로 얽혀 있다. 아는 만큼 볼 수 있으며, 볼 수 있는 만큼만 그릴 수 있다. 또한 반대로 그림을 보면 그린 이가 무엇을 알고 있고 무엇을 주장하는지가 나타난다. 이러한 관점에서 당시의 과학 삽화를 통해 15~17세기의 유럽 과학사를 살펴보고자 한다.

왜 하필 그때의 유럽 과학사인가?

과학은 현상을 설명하는 학문이다. 외형적 특징, 구조, 현상, 이론적 모형 등과 같은 정보를 전달하는 데 있어 그림은 매우 유용하다. 이케아의 가구 조립 설명서가 글로만 적혀있다면 얼마나 끔찍하겠는가! 그러나 이 같은 그림의 장점에도 불구하고 16세기 전까지 그림은 정보의 역할을 하지 못했다. 그전까지 그림은 필사본을 화려하게 만드는 장식이나 글을 읽지 못하는 이들을 위해 종교적 이야기를 전달하는 정도의 역할만 했다. 약초서 조차 그림 없이 글로만 서술되어 있었다.

가장 큰 이유로 필사본에서는 그림의 불변성을 보장할 수 없었기 때문이다. 책이 필사될 때마다 삽화가 조금씩이라도 변형된다면, 특히 지도나 기술서와 같이 정밀함이 요구되는 그림일수록 정보로서의 가치를 상실한다. 그래서 고대 저자들은 책에 그림을 넣지 말라고 충고했다. 그림이 정보가 될 수 있었던 것은 바로 15세기 중반에 등장한 인쇄술 덕분이었다. 인쇄술 이후로 같은 책에는 모두 같은 그림이 실릴 수 있게 되었다.

하지만 오롯이 인쇄술만이 정보로서 삽화의 등장을 이끈 것은 아니었다. 이에 앞서 12세기 말부터 예술가들이 사물을 관찰하고 묘사하기 시작한, 자연주의 화풍의 등장과 르네상스 시기 북유럽 판화의 발달, 그리고 과학책에서 삽화가 정보를 담은 시각 언어로 정립되기까지의 과정이 동반되었다. 15~17세기는 바로 이러한 전환의 시기였다. 12세기 후반 대학이 등장하며 지식에 대한 욕구가 팽창했다. 15세기 중반에 등장한 인쇄술에 힘입어 폭발적인 출판으로 이어졌고, 해상 무역의 발달로 사람들의 견문이 넓어지면서 고대 지식에 대한 믿음은 흔들리고 있었으며, 화가들은 세상을 관찰하고 묘사하기 시작했다. 이렇게 세상이 변화, 확장하며 넘쳐나는 정보를 전달하는 데 있어 그림은 공통 언어로서 역할을 했고, 유럽의 과학 혁명을 꽃피우는 데 필수적인 도구가 되었다.

따라서 시각 자료가 절실한 식물학, 동물학, 미생물학, 해부학, 관측 천문학 등의 과학 분야들에서 당시의 삽화가 정보를 담은 시각 언어로 정립되는 과정을 비롯해, 삽화를 통해 당시 저자들은 무엇을 알고 있었고, 무엇을 주장하려 했는가를 살피는 것은 중요하다. 또 반대로 저자의 생각과 주장을 통해 왜 그러한 삽화를 사용했는지를 살피는 것은 과학사에 대한 새로운 관점과 흥미로움을 줄 것으로 생각한다.

그 첫 시작은 관측 천문학이다. 17세기 초에 처음 등장한 망원경은 육안의 한계를 벗어나지 못했던 천문학에 커다란 변화를 불러왔다. 그때까지 천문학은 천상의 운동을 계산하고, 수정하는 것에 머물러 있었지만 망원경의 등장으로 발견의 시대를 맞이하게 됐다. 그러나 새로운 도구인 망원경이 즉각적으로 받아들여진 것은 아니다. 따라서 망원경으로 발견한 새로운 천문 현상도 의심받았다. 그렇게 환희와 의심이 교차하던 초창기 관측 천문학에서 자신이 관측한 것을 증명하고 주장하는 수단은 바로 그림이었다.

아는 것, 보이는 것, 표현하는 것

이 책에서 이야기는 크게 두 개의 맥락으로 진행된다. 첫째는 달 관측에 관해서다. 달은 맨눈으로도 볼 수 있지만, 망원경으로는 더 자세하게 관측할 수 있다. 달은 매끄럽고 티끌 없는 수정구로 여겨져 왔다. 그러나 망원경으로 본 달의 모습은 이러한 생각과는 다른 모습을 하고 있었다. 갈릴레오를 비롯해 망원경으로 달을 관측한 이들은 자신이 본 달의 모습을 그림으로 기록했고, 주장의 근거로 삼았다. 그렇듯 달 그림은 처음엔 달의 본성을 입증하기 위한 근거에서 망원경 성능의 증거로, 그리고 경도 측정을 위해 정밀함이 요구되는 지도화 작업으로 변화했다.

둘째는 망원경이란 새로운 도구가 어떻게 관측 기구로서 신뢰를 받고 천문학에서 자리 잡게 되었는지에 대해서다. 초창기 망원경은 렌즈연마기술의 한계로 인해 매우 열악했다. 그러한 이유로 망원경을 통해 본 상이 실재하는 것인지 아니면 렌즈에 의한 왜곡된 상인지에 대한 논란이 끊이지 않았다. 아직 망원경이라는 새로운 도구에 대한 기준이 자리잡지 않은 상황에서 철학자들은 믿고 있던 것과 눈에 보이는 것에 대한 차이를 어떻게 해석해야 할지 갈등했다.

이 책의 목적은 아는 것과 보이는 것과 표현한 것에 대한 상관관계이며 그 맥락에서 과학사를 다루고 있다. 그러한 이유로 이 책은 17세기 관측 천문학의 역사를 세세히 다루지는 않는다. 마찬가지로 망원경의 발전에 대해서도 기본적인 부분만 소개했을 뿐, 17세기 중반부터 등장하는 거대 망원경, 반사 망원경 등에 대해선 언급하지 않았다.

이 책은 과학 계간지 『에피(epi)』에서 8회에 걸쳐 연재한 것에 더해 상당 분량의 내용을 추가했다. 연재에선 달의 관측에 대한 부분만 다루었지만, 필자가 전달하고자 하는 의미를 보충해 줄 수 있는 망원경에 대한 이야기와 목성과 토성의 관측 사례를 추가해 내용을 더 풍성하게 했다.

이 책은 다수의 도판, 글과 만화가 섞여있는 형식으로 구성됐다. 만화는 훌륭한 이야기 전달 수단이다. 글로는 설명하기 힘든 부분은 만화를 이용했지만, 글로써 충분히 이해가 되는 부분은 애써 만화화하지 않았다. 또한 이야기 전개에 변화를 주어 독자의 흥미를 이끌기 위해 편지나, 그 인물이 주장한 내용을 만화로 재구성하기도 했다. 따라서 만화의 내용은 사실에 기반하지만, 재구성하는 과정에서 내용이나 상황이 일부 수정, 과장, 생략되었을 수도 있다. 만화적 허용으로 너그러이 생각해주시기를 부탁 드린다.

끝으로 네덜란드의 과학사학자 앨버트 반 헬덴(Albert Van Helden, 1940~)의 뛰어난 논문들에 큰 도움을 받았다. 내가 필요하고, 궁금했던 지점을 정확히 짚어주는 논문에서는 어김없이 그의 이름과 마주쳤다. 그의 선구적인 연구는 앞길을 비춰주는 등불과도 같았다. 비록 한 번도 본 적 없지만, 그에게 다시 한번 큰 감사를 전한다.

16세기 관측 천문학을 다루는 이번 책의 시작으로 해리엇과 갈릴레오 이야기를 선택했다. 비슷한 시기에 망원경으로 달을 관측했지만 둘의 그림은 너무나 달랐다. 아는 것, 보이는 것, 표현하는 것의 관계에 대한 이야기를 시작하는 데 이만큼 적합한 지점도 없을 것이다. 유명한 갈릴레오에 비해 거의 알려지지 않은, 그리고 흥미롭게도 갈릴레오와 정반대의 인물이었던 해리엇은 당시 영국의 유능한 수학자였다. 이 작은 책이 국내 과학 교양서의 커다란 지식들 사이에서 작은 틈새를 메워주기를 바란다. 그러한 마음에서 무명의 해리엇은 시작을 함께하기 적합한 인물이라고 생각했다. 비록 많은 분량은 아니지만 이번 기회에 그를 소개하고자 하는 마음에서 주제와는 조금 멀찍이 떨어진 곳에서 출발한다.

차 례

토머스 해리엇

항해는 힘들지 않나?

그래도 다행히 날씨가 좋군.

그렌빌 경, 안녕하세요.

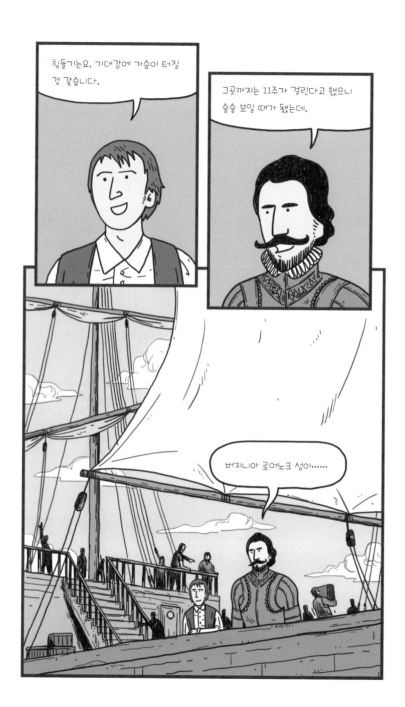

16세기 영국은 유럽의 강대국으로 떠오른 스페인과 종교적, 정치적 갈등을 겪고 있었다. 영국은 해군력의 열세를 만회하기 위한 준비에 박차를 가하는 한편 해적을 이용한 게릴라 작전으로 스페인 해군을 괴롭혔다. 영국의 엘리자베스 여왕은 게릴라전을 더 효율적으로 수행하기 위한 전략적 요충지로 북아메리카 동해안 지역에 식민지를 구축하기로 했고, 그녀의 최측근이었던 월터 롤리 경이 이를 추진했다.

이 땅을 버지니아(Virginia)라 부르고, 엘리자베스 여왕에게 바치겠다!

월터 롤리(Walter Raleigh, 1554~1618) 는 스페인에 맞서 싸운 영웅이자 엘리자베스의 총애를 받은 인물이었다. 또한 박식했던 그는 운문집에서 세계사에 이르기까지 여러 분야의 책을 썼고, 철학과 수학 등 다방면에도 관심이 많았다.

1584년, 롤리는 아메리카의 한 동부 지역에 첫발을 내디디며 최초의 영국 식민지를 개척했다.

북아메리카

롤리가 도착했던 버지니아 지역.

다음 해인 1585년에 롤리는 로어노크 섬으로 정착민과 원정대를 보냈다. 거기엔 항해를 위한 천체 관측과 측량의 임무를 맡았던 26세의 청년 토머스 해리엇(Thomas Harriot, 약 1560~1621)도 함께 있었다.

해리엇은 로어노크 섬에 있는 동안 예술가이자 탐험가였던 존 화이트 (John White, 1540~1593)와 함께 지도를 작성하고, 경제 자원을 조사해 기록했다.

해리엇은 원주민이었던 앨곤킨(Algonquian) 부족의 문화와 언어를 기록하는 등, 지금으로 말하면 민속지학자로서 역할도 수행했으며 아메리카 원주민에게 최초로 유럽의 기술 문명을 소개했다.

존 화이트가 수채화로 그린 로어노크 섬 지도.

그러나 이들은 채 1년을 버티지 못했다. 1586년 6월, 원주민과의 갈등이 폭발하기 직전 간신히 프랜시스 드레이크*의 배를 타고 영국으로 돌아왔다.

해리엇은 귀국 후 이 기록을 모아 1588년에 『버지니아의 새로 발견한 지역에 관한 간략하고 진실한 보고서』(A briefe and true report of the new found land of Virginia)를 발표했다.

* 프랜시스 드레이크(Francis Drake, 1540~1596): 엘리자베스 시대에 활약한 유명한 사략선 선장. 스페인 선박에서 노략질 한 재물을 엘리자베스 1세에게 바쳐 그 공로로 해군 중장으로 임명되었고, 훗날에는 기사 작위까지 받았다.

몇 년 뒤 판화가이자 출판업자였던 테오도르 드 브리(Theodor de Bry, 1528~1598)는 해리엇의 주석이 달린 화이트의 수채화 삽화를 판화로 옮겨 1590년에 4개 국어로 다시 출판했다.

그러나 사실 해리엇의 보고서는 학술적인 목적보다는 일종의 선전물이었다.

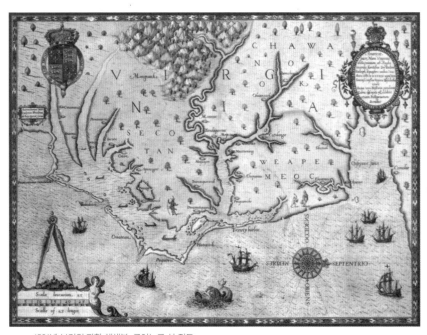

1591년 브리의 판화 채색본. 로어노크 섬 지도.

원정이 실패한 후 사람들 사이에선 버지니아에 대한 흉흉한 소문이 돌았다. 롤리는 아메리카로 떠날 다음 지원자를 모집하는 데 애를 먹었고, 영국 정부도 앞으로의 식민지 정책을 추진하는 데 걸림돌이 될 수 있었기에 로어노크 섬을 멋지게 포장해줄 자료가 필요했다.

1590년 브리의 채색본 삽화. 원주민 마을 중 하나인 세코탄(Secotan) 마을의 모습.

해리엇의 책에는 신세계를 풍요롭고 평화로운 모습으로 표현한 반면, 식민지에서 벌어졌던 사건이나 문제점은 전혀 언급되지 않았다.

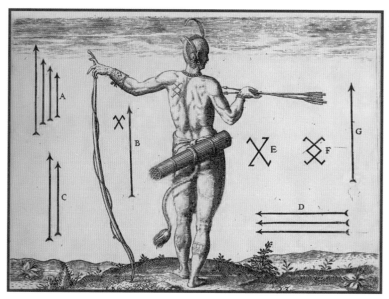

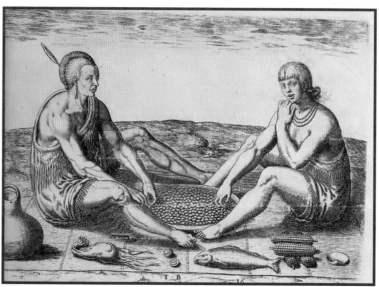

1590년 책의 삽화. (위) 북아메리카 원주민의 몸의 표식, 활, 화살. (아래) 열매를 먹는 원주민 남성과 여성.

그럼에도 불구하고 해리엇의 책은 사실적으로 묘사된 화이트의 삽화까지 더해져 높은 수준의 객관성을 담고 있기 때문에 오늘날에도 아메리카 원주민에 관한 학술적 가치를 인정받고 있다.

이 보고서는 해리엇의 처음이자 마지막 책이었다. 로어노크는 그가 영국 밖으로 나갔던 유일한 여행이었다.

그는 탐험가도 박물학자도 아닌,

롤리 가문의 수학 교사이자 영국의 저명한 수학자였다.

토머스 해리엇은 1560년경에 옥스퍼드 시에서 태어났다는 것 말고는 부모가 누구인지에 대해서조차 알려진 것이 없다. 그는 1577년에 옥스퍼드 대학의 세인트메리홀(St Mary's Hall)에 입학했고, 1580년에 학사 학위를 취득했다.

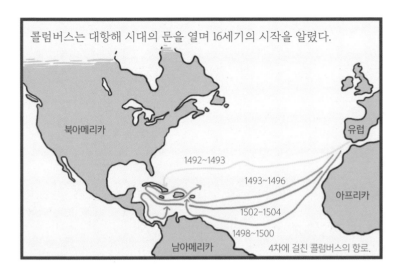

콜럼버스는 대항해 시대의 문을 열며 16세기의 시작을 알렸다.

북아메리카

유럽

아프리카

1492~1493

1493~1496

1502~1504

1498~1500

남아메리카

4차에 걸친 콜럼버스의 항로.

스페인과 포르투갈은 라틴 아메리카에서 자원을 약탈해 부를 거머쥐었다. 다른 유럽 국가들이 그 뒤를 이었고, 영국도 예외는 아니었다.

식민지 개척과 해상 무역이 활성화되면서 항해술 교육은 중요해졌다. 당시의 항해술은 해와 달, 별 등 천체의 위치와 방향, 각도를 이용해 위도와 경도를 측정했기 때문에 수학과 천문학을 알아야 했다.

태양이나 북극성

수평선

14세기에 등장한 '야곱의 막대(Jacob's staff)'라고도 불렸던 직각기(cross-staff)는 태양의 고도를 측정하는 기구다. 대항해 시대에는 이 기구를 개량해서 항해에도 이용했다.

따라서 엘리자베스 여왕의 측근으로 무역과 식민지 개척의 선봉에 섰던 유력 가문 출신의 월터 롤리도 수학 지식이 필요했을 것이다.

✳ 태양이나 북극성

수평선

항해 도구 중 하나였던 아스트롤라베(astrolabe).

옥스퍼드 오리엘 칼리지의 졸업생이었던 월터 롤리는 아마도 옥스퍼드 인맥을 통해 수학 실력이 뛰어났던 해리엇을 알게 된 듯하다. 롤리는 가문의 수학 교사로 해리엇을 고용했으며, 앞서 보았듯 로어노크 원정대에 측량가로도 참여시켰다.

1675년의 오리엘 칼리지 모습.

해리엇으로서는 인생 최고의 행운이었다. 뿐만 아니라 롤리는 학문적인 관심이 높았기 때문에 평생 해리엇을 후원하며 인연을 이어갔다. 덕분에 해리엇은 일생을 부족함 없이 편안히 지낼 수 있었다.

그러나 평온은 계속되지 못했다.

롤리 경! 이게 어찌된 일입니까?

어서 오게, 해리엇.

1603년 3월 엘리자베스 여왕이 사망한 직후인 여름, 롤리 경은 새로 즉위한 제임스 1세의 명령으로 체포되어 사형을 언도받고 런던탑에 수감되었다.

친스페인 정책을 펼치려니 내가 방해가 됐겠지.

자네를 부른 건 다름이 아니라 혹시 내 친구 헨리 퍼시 백작 기억하는가?

예. 노섬벌랜드에 계시다는……

롤리의 세심한 배려에도 해리엇은 급변하는 정세를 피해 가지 못했다. 롤리가 소개해준 핸리 퍼시 백작은 1605년 가이 포크스(Guy Fawkes)의 대폭약 사건(Gunpowder Plot)을 미리 알고 있었음에도 당국에 고발하지 않았다는 죄명으로 런던탑에 수감되었다. 토머스 해리엇도 관련자로서 1605년 11월에 웨스트민스터의 게이트하우스 골(Gatehouse gaol) 감옥에 3주간 투옥되었다.

대폭약 사건의 가담자 중 일부를 그린 삽화. 작자 미상.

부유층에게 런던탑은 감옥이라기보다는 편안한 유배 생활에 가까웠다. 그들은 끔찍한 지하 감옥이 아닌 비싼 비용을 지불하고 넉넉한 방에서 지낼 수 있었으며 고급 음식도 먹을 수 있었다. 런던탑 안에는 상점과 교회와 같은 편의 시설과 산책할 수 있는 정원도 있었다. 롤리와 퍼시도 친구들을 초대하고, 가족을 불러들였으며 외부 업무를 처리하고 연구와 집필을 계속했다.

부유했던 해리엇도 이 같은 특권을 누릴 수 있었다.

그럼에도 그는 불안감을 떨칠 수 없었던 듯하다.

이 사건의 영향 때문이었는지 해리엇은 평생 사람의 이목을 끄는 활동을 자제했고, 넉넉했던 삶 덕분에 애써 지위와 명성을 추구하지도 않았다.

그는 평생 독신으로 지내며 조용히 학자의 삶에 매진했고, 1621년 7월 2일 런던 스레드니들가(Threadneedle Street)의 자택에서 61세의 나이로 생을 마감했다. 아마도 흡연으로 인한 콧속 종양이 원인이었던 것으로 보인다.

평생 침잠하는 삶을 살았던 해리엇은 1588년에 발표한 버지니아 보고서 외에는 어떤 것도 출판하지 않았다. 현재 해리엇에 대해 우리가 알고 있는 것은 오로지 그가 남겼던 노트에서 비롯된 것뿐이다. 비록 저서는 없지만, 해리엇은 당시 영국 수학을 이끌었던 인물 중의 하나였다. 그는 대수학 및 분석 기하학을 연구했으며, 케플러와도 편지를 주고받는 등 일군의 학자들의 네트워크에서 저명한 수학자로 유럽에도 알려져 있었다. 수학의 우아함에 빠져 있던 해리엇이 수학 법칙이 지배하는 천상, 즉 천문학에도 관심을 갖고 있었던 것은 당연했다.

천문학이 걸어온 길은 다른 학문과는 다소 달랐다.

중세 이래로 대다수의 학문들이 고대의 문헌을 맹목적으로 추종하며 읊고 주석을 다는 게 전부였던 반면, 천문학은 측정과 계산을 통해 천체의 움직임을 계속해서 수정하고 보충해 나갔다.

하지만 16세기에도 천문학은 관측의 학문이 아닌, 본질적으로 수학에 가까웠다. 계산을 통해 월식을 예측하고, 달력을 수정하고, 주전원(epicycle)의 비율을 조정하는 데 여념이 없었다.

1543년에 발표한 코페르니쿠스의 지동설도 프톨레마이오스의 천동설보다 더 세련된 수학적 버전이었을 뿐이었다.

그러나 1608년 이후 천문학은 커다란 변화를 맞이한다.

1608년 9월 25일 네덜란드 헤이그 정부 청사

유용한 도구인 것은 틀림이 없지만,

새롭고 특별한 기술이 적용되었다고는 보이지 않는군.

결국 긴 통과 렌즈 두 개만 있으면 되는 것 아닌가?

이 특허 신청은 불허하겠다고 회신하시오.

1
———

하늘을 향하다

1608년 9월에서 10월 사이에 네덜란드 공화국에서는 먼 거리에 있는 사물을 가까이 볼 수 있는 도구에 대한 특허 신청이 세 건이나 잇달았다.

최초로 망원경을 발명해 특허 신청을 한 것으로 알려져 있는 미델뷔르흐의 한스 리페르셰이(Hans Lippershey).

긴 통에 두 개의 렌즈를 배열해 만드는 이 기구는 망원경이었다.

16세기 중반부터 17세기 중반까지 네덜란드와 스페인의 전쟁은 계속됐다. 네덜란드의 일부 지방이 스페인의 지배에 놓이면서 북부 지방들은 공화국을 선언하고 스페인에 저항했다. 네덜란드 독립전쟁, 혹은 80년 전쟁이라고 부르는 이 사건은 영국과 프랑스의 이해관계도 얽혀 있었다.

네덜란드 공화국
스페인령 네덜란드
프랑스

1609년 네덜란드의 정세.

이 때문에 17세기 초반 네덜란드 공화국은 유럽의 복잡한 정치적 분쟁의 중심이 되어 여러 국가의 사람들이 드나드는 곳이었다. 최초의 망원경이 네덜란드 공화국 곳곳에서 등장한 것은 이런 지정학적 분위기와 무관하지 않을 것이다.

스페인 국왕 펠리페 2세. 네덜란드에 대한 경제 착취와 종교 탄압은 결국 네덜란드 공화국의 독립으로 이어진 오랜 전쟁을 초래했다.

망원경은 유용하고 획기적인 도구였지만, 이전엔 없던 완전히 새로운 개념의 물건은 아니었다. 망원경은 두 개의 볼록렌즈, 또는 볼록렌즈와 오목렌즈의 조합으로 만들 수 있는데, 이러한 렌즈는 이미 유럽에서 만들어 사용하고 있었다.

수정이나 유리를 연마한 확대경은 고대 유물에서도 발견된다. 약 3000년 전에 제작된 것으로 추정되는 타원형 볼록렌즈는 1850년 이라크 지역에서 발굴되었다.

1850년 고대 아시리아의 님루드 지역(지금의 이라크)에서 발견한 렌즈. 님루드 렌즈 혹은 처음 발견한 고고학자 오스틴 헨리 레이어드의 이름을 따서 레이어드 렌즈라고도 부른다. 현재 대영 박물관에 보관되어 있다.

13세기 말에 볼록렌즈를 이용한 안경이 등장했다. 누가 최초인지는 알 수 없지만, 아마도 속인 계층에서 발명하고 성직자들 사이에서 널리 퍼진 것으로 여겨진다. 당시에는 읽고 쓰는 일이 성직자들의 주된 일과였기 때문에 볼록 안경은 노안으로 고생하는 늙은 성직자의 불편을 덜어주었을 것이다.

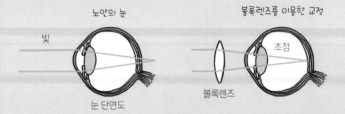

가까운 물체를 볼 때 수정체가 두꺼워진다. 노안은 수정체가 두꺼워지지 못해 상이 망막 너머에 맺혀 상이 흐리게 보인다. 볼록렌즈는 상이 앞에 맺히도록 도와준다.

볼록렌즈보다 만들기가 더 어려웠던 오목렌즈는 나중에 등장했다. 오목렌즈는 근시용 안경에 사용되었는데 중세에는 근시보다는 노안을 겪는 이들이 훨씬 많았다. 그래서 볼록렌즈보다 제작이 까다로웠던 오목렌즈를 만들어야 할 필요성은 낮았다.

중세 그림에선 안경을 끼고 있는 인물을 종종 볼 수 있다. 이탈리아의 화가 톰마소 다 모데나 (Tommaso da Modena, 1326~1379)가 1352년에 그린 프레스코 벽화에 등장하는 확대경과 안경. 그의 그림을 옮겨 그렸다.

1450년 활판 인쇄술의 등장으로 출판되는 책의 수가 급증했다. 그에 따라 근시도 증가하면서 오목 안경의 제작이 활발해졌다.

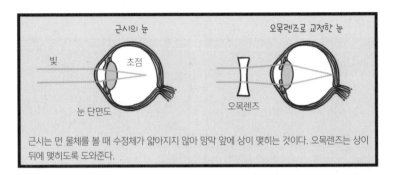

근시의 눈

빛 초점

눈 단면도

오목렌즈로 교정한 눈

오목렌즈

근시는 먼 물체를 볼 때 수정체가 얇아지지 않아 망막 앞에 상이 맺히는 것이다. 오목렌즈는 상이 뒤에 맞히도록 도와준다.

1600년대에 이르러 렌즈는 더 이상 희귀한 물건이 아니었다. 렌즈를 연마하는 수천 명의 장인들이 유럽 각지에서 활동했다.

안경 판매상을 그린 하르트만 쇼퍼 (Hartman Schopper, 1542~1595)의 목판화 그림 (『*Panoplia Omnium*』, 1568).

단순히 렌즈 두 개를 나란히 배치한다고 해서 망원경이 되는 것은 아니었지만 당시 기술로 만들기 어려운 물건도 아니었다. 주위에서 흔히 구할 수 있는 것들의 간단한 조합이었기 때문에 복제하기도 쉬웠다.

네덜란드 공화국 정부는 이러한 이유로 망원경에 대한 특허를 주저했고, 리페르셰이와 뒤이어 특허를 신청한 야코프 메티우스에게도 성능을 더 개량해 올 것을 주문했다. 그사이에도 망원경에 대한 소문은 유럽 전역으로 퍼져 나갔다.

한 때 최초의 망원경 제작자로 알려졌던 야코프 메티우스(Jacob Metius). 그의 형 아드리아네 메티우스(Adriaen Metius)는 천문학자이자 수학자로 여러 권의 책을 출판했다. 아드리아네는 자신의 책에서 동생 야코프가 최초로 망원경을 발명했다고 주장했으며, 데카르트는 1637년에 출판한 『굴절광학』(Dioptrique)에서 이를 언급하면서 널리 알려지게 됐다.

또 한 명의 특허 신청인으로 보이는 사카리아스 얀센은 정부에 특허 출원을 해놓고는 프랑크푸르트 박람회에서 망원경을 판매하려고 했다.

불량스러운 인물이었던 것으로 보이는 사카리아스 얀센(Sacharias Janssen).

결국 정부는 이미 너무 많이 알려졌고, 복제가 쉽다는 이유로 망원경에 대한 특허를 불허했다. 리페르셰이는 실망스러웠지만, 약속한 대로 개량한 망원경을 정부에 납품했다.

리페르셰이가 선물한 견본품을 다른 이에게 공개하는 바람에 망원경에 대한 소문이 삽시간에 퍼져 나가는 데 일조한 네덜란드 공화국 최고 사령관인 마우리츠 반 나사우(Maurits van Nassau) 왕자.

해리엇이 어떤 경로로 망원경을 손에 넣었는지 알 수 없지만, 그는 부유했기 때문에 망원경에 대한 소문을 듣고 이를 구하려고 마음먹었다면 어렵지 않았을 것이다.

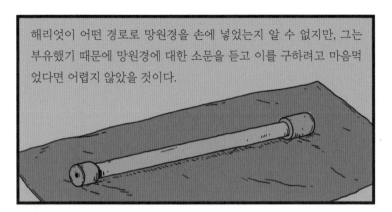

어떻습니까? 해리엇.

처음보다 확실히 더 낫군.

일반적으로 구할 수 있는 망원경은 배율이 3~4배 정도였다. 뛰어난 수학자였던 해리엇은 망원경을 보고 쉽게 광학적 원리를 간파했을 것이다. 그는 자신의 기술자인 크리스토퍼 투크(Christopher Tooke)의 도움으로 망원경을 복제, 개선한 것으로 보인다.

해리엇의 망원경이 하늘로 향했다.

거기엔 달이 있었다.

한편, 파도바 대학교의 한 수학 교수 귀에도 망원경에 대한 소문이 들려왔다.

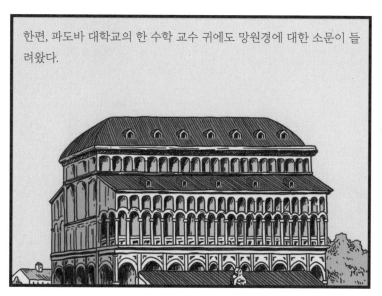

그는 학생을 가르치는 것에 염증을 느꼈고, 낮은 연봉과 가족 뒤치다꺼리로 인한 생활고에도 진절머리가 나 있었다.

그는 망원경의 효용을 알아차리고 이를 이용해 현실을 타개하기로 마음먹었다.

그는 갈릴레오 갈릴레이였다.

이전에 군사용 컴퍼스를 제작해 내다 팔아 짭짤한 수익을 올렸던 갈릴레오는 이번에도 좋은 손재주를 이용해 재빨리 성능이 개량된 망원경을 만드는 일에 착수했다.

오오~ 정말 대단하오.

노력 끝에 그는 1609년 8월에 약 10배율의 망원경을 만들어 베네치아 총독 레오나르도 도나토(Leonardo Donato) 앞에서 성능을 시연했다.

만약 전하께서 바라신다면, 저는 남은 평생을 전하를 위해 더 훌륭한 발명품을 제작하고 싶습니다.

갈릴레오는 그 대가로 학생들을 가르치지 않고 연구에만 몰두할 수 있는 두둑한 지원을 갈망했다.

그러나 결과는 그의 기대에 미치지 못했다.

뭐?

다음 해부터 파도바 대학교에서 두 배의 연봉을 받게 된 건 좋았지만, 동시에 종신 재직권도 얻고 말았다.

종신 재직권? 맙소사. 난 연구만 하고 싶다고.

더 이상 갈릴레오가 할 수 있는 일이 없었다. 그는 다시 본래의 관심사로 돌아와 망원경을 개량했다.

그로부터 3개월이 지난 11월, 그는 20배율의 망원경을 손에 쥘 수 있었다. 갈릴레오의 망원경도 달로 향했다. 갈릴레오는 11월 30일부터 12월 18일까지 달의 위상 변화를 관측하고 그림으로 기록했다.

1610년 3월에 출판된 갈릴레이의 『별의 소식』(Sidereus Nuncius)에 실린 목판화.

그러나 해리엇은 갈릴레오보다 4개월이나 먼저 망원경으로 달을 관측하고 그림을 남겼다.

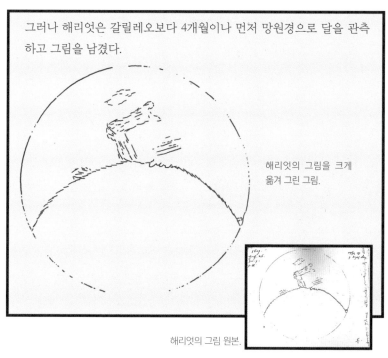

해리엇의 그림을 크게 옮겨 그린 그림.

해리엇의 그림 원본.

해리엇과 갈릴레이의 그림은 과연 같은 달을 보고 그린 걸까 하는 의심이 들 정도로 확연히 달랐다. 두 사람의 그림은 어째서 이토록 차이가 났던 걸까? 이 의문은 많은 연구자를 매료시켰다.

2
___

아는 것과 보이는 것

그림은 단순히 눈에 보이는 것을 그대로 종이 위에 옮기는 것이 아니다.

필자의 그림.

미술 교육을 받지 않은 사람에게 앞에 놓인 사물을 그리게 하면 상당히 당혹스러운 결과물과 마주할 때가 많다.

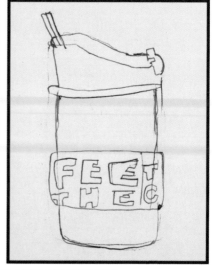

위의 1회용 컵을 보고 그린 그림. 왼쪽은 필자의 아내가, 오른쪽은 필자의 딸이 그렸다.

그림이 눈에 보이는 그대로를 옮기는 것이라면 표현의 세련됨에서 차이가 있을지언정 닮지 않은 그림은 나오지 않을 것이다.

눈앞에 놓인 사물을 그리는 행위는 3차원의 사물을 2차원의 종이 위에 옮겨 그리는 복잡한 기술적, 인지적 과정의 결과물이다.

눈으로 본 것을 그림으로 옮기기 위해선 훈련이 필요하다.

눈으로 비례를 가늠하고,

이를 손으로 옮기는 훈련을 해야 한다.

종이 위에 3차원적으로 표현하는 기술인 투시도법, 원근법, 명암법 등도 익혀야 한다.

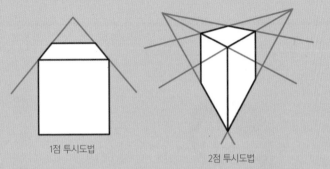

1점 투시도법

2점 투시도법

이런 기법들은 선천적인 것도 절대적인 법칙도 아니다. 이것은 미술가들이 평면 위에 원근을 더 효과적으로 표현하기 위해 고안한 기법이며, '후천적'으로 습득해야 하는 기술이다.

예를 들어, 그림에서 원근을 표현하는 방법이 반드시 서양의 원근법으로 수렴되는 것은 아니다.

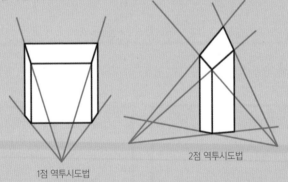

1점 역투시도법

2점 역투시도법

여러 문명에서는 서양의 원근법과 반대인 역원근법이 등장했다. 15세기에 원근법이 체계화되기 전까지 서양 그림에서는 먼 물체는 작고, 가까이 있는 물체는 크게 표현하는 정도의 기초적인 원근만이 표현되었다.

<옥좌 위의 성모자>를 그린 13세기 비잔틴 양식의 그림. 발 받침대(파란색 선으로 표시)와
의자의 형태가 앞쪽이 더 좁은 역원근법 형식을 취하고 있다.

갈릴레오의 삶은 예술과 얽혀 있었다. 그의 아버지는 음악 이론가였고, 그가 살았던 이탈리아는 르네상스를 꽃피운, 예술적으로 만개한 곳이었다.

1563년에 조르지오 바사리는 코시모 1세의 후원으로 예술가들을 위한 교육기관인 '아카데미아 델 디세뇨'(Accademia del Disegno)를 피렌체에 설립했다.

조르지오 바사리(Giorgio Vasari, 1511~1574): 이탈리아의 미술가, 건축가, 미술사가. 특히 르네상스 예술 200명의 삶과 작품을 기록한 그의 『미술가 열전』은 르네상스 예술 연구의 중요한 사료다.

여기서는 미술 이론 교육이 중심적으로 이루어졌으며 해부학과 특히 원근법을 강조했기 때문에 이를 가르치기 위해 수학자를 초빙하기도 했다. 젊었을 때 갈릴레오는 이 자리에 지원했던 적이 있다.

에네아 비코(Enea Vico, 1523~1567)의 <반디넬리의 아카데미>. 조각가 바치오 반디넬리(Baccio Bandinelli, 1493~1560)는 바사리보다 30년 일찍 작업실에 아카데미를 조성했다. 아카데미는 교육 목적뿐만 아니라 예술이 지적인 활동이라는 것을 보여주는 역할도 했다. 그럼으로써 예술가들은 기능장이 아닌 지식인으로의 지위 향상을 꾀했다.

갈릴레오는 어렸을 적부터 음악과 그림을 배웠다. 비록 그가 남긴 예술 작품은 없지만, 달을 그린 드로잉에서 알 수 있듯이 높은 수준의 그림 실력을 갖추고 있었다. 갈릴레오는 예술과 문학에 꾸준한 관심을 가졌다.

로도비코 치골리(Lodovico Cigoli, 1559~1613)는 화가, 조각가, 건축가를 비롯해 여러 방면에서 활동했던 지적인 예술가였다. 아마추어 과학자이기도 했던 그는 갈릴레오의 연구에도 깊은 관심을 가졌다.

이처럼 갈릴레오가 망원경으로 달을 관찰했을 때, 자신을 둘러싼 시간과 공간은 그에게 달의 표면에 불규칙하게 드리운 그림자를 해석할 수 있는 눈과 이를 표현할 수 있는 손을 갖출 수 있게 했다.

반면 해리엇이 살던 시대의 영국은 신교를 받아들인 엘리자베스 여왕의 체제 하에서 유럽의 다른 지역보다 더 너그러운 학문의 자유를 누렸다. 신자들이 직접 성경을 읽도록 요구했던 신교의 교리 덕분에 문맹률은 개선되었고, 국가가 융성하면서 문화도 번창했다.

유럽 전역으로 퍼져간 르네상스의 파도는 영국에서 연극 문화의 꽃을 피웠다. 왼쪽 그림은 1596년 런던의 스완 극장(Swan theatre)에서 상영했던 연극을 그린 것으로 요하네스 드 위트(Johannes de Witt)의 스케치를 동판화로 옮긴 그림이다.

그러나 영국엔 시각예술적 전통은 미미했고, 수준도 높지 않았다. 해리엇은 영국에서 드로잉 수업을 받은 적이 없었을 것이며, 시각적 자극도 부족했을 것이다.

당시 대표적인 극작가였던 윌리엄 셰익스피어.

분명 해리엇의 6배율 망원경은 갈릴레오의 20배
율 망원경에 훨씬 못 미쳤지만, 그것 외에도 회
화적 표현에 있어서 수준의 차이도 명
확히 드러난다.

해리엇은 눈앞의 사물을 그림으로 옮기는 훈련을 받지 못했기 때문에 그림
에서 보이는 어중간한 선은 그가 보고 있는 것을 어떻게 표현해야 할지 모
르는 것처럼 느껴진다.

해리엇과 갈릴레오의 달 그림에
서 보이는 차이가 단지 그림 실력
에서 비롯된 것일까?

대상을 그리려면 먼저 관찰을 해야 한다. 관찰은 눈앞의 대상에 반사된 빛이 우리의 망막에 맺히는 것에서 끝나지 않는다.

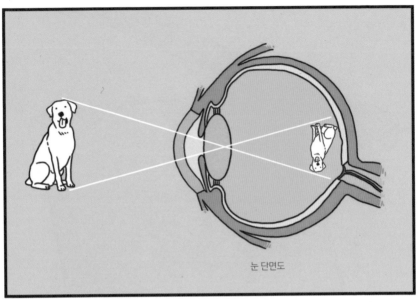

눈 단면도

더 나아가 관찰은 자신이 가진 정보를 기반으로 대상의 구조와 패턴을 파악하는 것이다.

즉, 정확한 관찰을 위해선 대상을 해석할 수 있는 풍부한 정보의 틀을 가지고 있어야 한다.

인체 드로잉을 예로 들어보자. 인체를 잘 그리기 위해선 많이 그려야 하겠지만, 더불어 해부학 지식도 쌓아야 한다. 단순히 눈에 보이는 대로 그리는 것만으로는 한계가 있다. 해부학적 지식이 없으면 자신이 관찰하고 있는 신체의 굴곡, 주름, 접힘 등의 메커니즘에 대해 이해할 수 없기 때문이다.

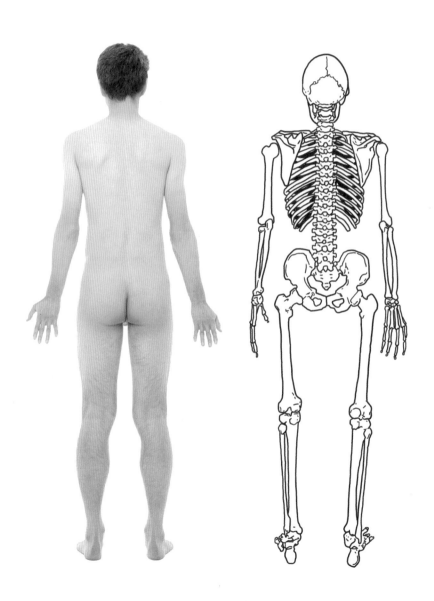

그것이 화가나 만화가 등 그림을 그리는 이들이 해부학을 공부하는 이유다. 뼈와 근육의 구조를 익혀야만 형태의 패턴을 볼 수 있고, 정확하게 그릴 수 있다. 그래서 인체 드로잉에서 해부학 공부는 필수다.

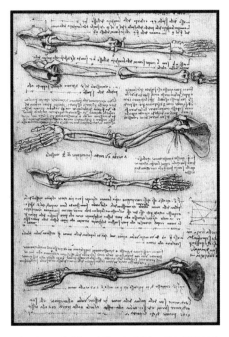

레오나르도 다빈치도 예외는 아니었다. 그의 노트에 그려져 있는 이두박근에 의해 움직이는 팔에 관한 연구.

아는 만큼 보이고, 보이는 만큼 그릴 수 있다. 이 정의는 거꾸로도 유효하다. 그릴 수 있다는 것은 안다는 것이다. 따라서 둘의 그림이 왜 다른가 하는 질문은 이렇게 바꿀 수 있다. 그럼 해리엇과 갈릴레오는 달에 대해 무엇을 알고 있었을까?

고대로부터 달은 인간의 삶과 밀접한 천체였다. 달은 여성의 월경을 비롯해 생명의 탄생과 순환에 관련이 있다고 여겼다. 여행자들은 달을 보고 방향과 시간을 가늠했고, 어부들은 밀물과 썰물의 때를 알았다. 인류는 늘 달을 주시하며 살았다.

고대 철학자들은 달의 본질을 설명하려 노력했다. 태양도, 달도, 별도 빛났기 때문에 혹자는 이 모두가 불타는 돌이라고 했고, 또다른 이는 에테르 광선을 뿜어내는 빨갛게 달궈진 부석이라고 주장했다.

달의 본질을 설명하려는 노력은 달 표면에 보이는 얼룩으로 인해 더 큰 도전이 되었다.

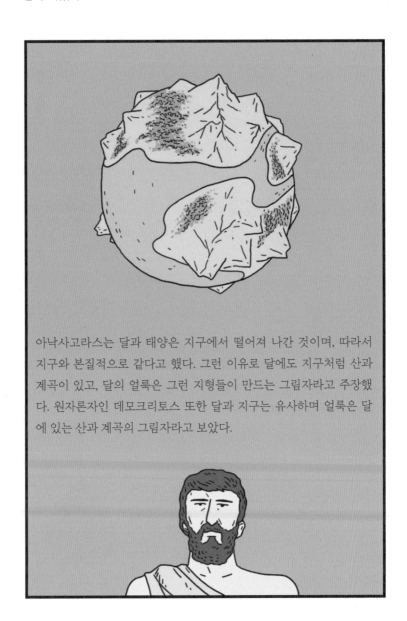

아낙사고라스는 달과 태양은 지구에서 떨어져 나간 것이며, 따라서 지구와 본질적으로 같다고 했다. 그런 이유로 달에도 지구처럼 산과 계곡이 있고, 달의 얼룩은 그런 지형들이 만드는 그림자라고 주장했다. 원자론자인 데모크리토스 또한 달과 지구는 유사하며 얼룩은 달에 있는 산과 계곡의 그림자라고 보았다.

아리스토텔레스는 이러한 주장을 일축하고, 하늘과 땅 사이에 선을 그었다. 아리스토텔레스는 세계를 달 위의 천상계와 달 아래 지상계로 나누고, 달을 포함한 천상계를 완벽한 영원불변의 세계로 정의했다. 변화하고 부패하는 지상의 물질과 달리 영원불변한 천상계는 에테르라는 물질로 구성되어 있다고 주장했다.

토성 ◯

목성 ◯

화성 ◯

태양 ◯

금성 ◯

수성 ◯

달 ◯

달은 에테르로 이루어진 완벽한 구체며, 표면은 흠집 없는 거울과 같기 때문에 얼룩처럼 보이는 것은 지구의 상이 반사된 것입니다.

『플루타르코스 영웅전』으로 유명한 로마의 철학자 겸 정치가, 작가였던 플루타르코스는 비단 '영웅'에게만 관심을 가진 것은 아니었다. 그는 『달 구면에 관하여』(*De facie in orbe lunae*)라는 책을 통해 고대 그리스의 달에 대한 견해들을 소개하며 달은 지구와 같은 물질이라는 주장을 옹호했다.

혹은 달이 수정같다면 태양빛은 반사되지 못하고 그대로 투영되기 때문에 빛날 수도, 보이지도 않을 것입니다.

우리가 월식에서 통해 알 수 있는 것은 달은 스스로 빛나지 않으며, 햇빛을 반사해 빛나는 불투명한 물체라는 것입니다.

달이 스스로 빛나면 월식은 생길 수 없겠죠.

따라서 우리는 햇빛을 반사하는 지상의 광경에서 알 수 있듯이 달도 지구와 같은 거친 표면을 가졌다고 추정할 수 있습니다.

이 주장을 반박하기 위해서 아리스토텔레스의 후예들은 달이 매끄러우면서 태양빛을 반사해 빛나고, 표면에 드러나는 어두운 얼룩을 조화시켜야 하는 문제에 직면했다.

그 해결책으로 등장한 것이 '불균질한 응축 이론'이었다. 중세 이슬람 철학자이자 아리스토텔레스의 저작들에 주석을 달았던 이븐 루시드 (Ibn Rushd, 라틴어 이름 *Averroes*)가 주장한 이 이론은 달을 이루는 물질인 에테르가 균일하게 응축되지 않아서 밀도가 높은 부분과 낮은 부분이 있다고 주장했다.

레오나르도 다빈치도 달을 육안으로 신중히 관찰한 후 달의 얼룩에 대한
아리스토텔레스의 주장을 반박했다.

다빈치의 노트에 있는 달 스케치를 옮겨 그렸다.
왼쪽: Codex Atlanticus 674 왼쪽 페이지
위: Codex Atlanticus 310 오른쪽 페이지

달에 지구의 모습이 반사된 것이라면, 만월일 때 동쪽에 떠 있는 달과 서쪽
에 떠 있는 달의 얼룩 형태는 달라야 한다. 하지만 어느 위치에서든 달의 얼
룩은 동일하다. 또, 원근법에서 입증된 것처럼 달과 같은 볼록한 거울의 표
면에 물체가 반사되면 일부분만 상이 채워지는데 달의 얼룩은 전체에 걸쳐
있다.

이처럼 아리스토텔레스의 주장에 대한 반박은 합리적이었지만, 16세기에도 달에 관한 그의 이론은 흔들림이 없었다. 달은 거울 같고, 얼룩은 지구의 산과 바다가 반사된 것이었다. 아리스토텔레스의 우주론은 중세를 거치며 기독교 교리와 합쳐졌고, 영원불변한 천상계는 하느님의 전지전능함을 보여주는 증거가 되었다.

우주를 창조하는 기하학자로서의 하느님. 작가 미상의 이 그림은 1220~1230년경에 그려진 것으로 추정된다.

마찬가지로 해와 달은 각각 그리스 도와 성모 마리아의 상징이 되면서 달이 무엇으로 이루어져 있는가에 대한 논의는 단순히 우주론만이 아니라 기독교 교리에 문제를 제기하는 것이었다. 그래서 달에 대한 논의는 달 얼룩의 정체가 무엇인가에 대한 것으로 국한되었고, 해리엇과 갈릴레오가 애초에 달을 관찰한 이유 역시 그랬다.

<초승달 위의 성모 마리아와 아기> (알브레히트 뒤러, 1514).

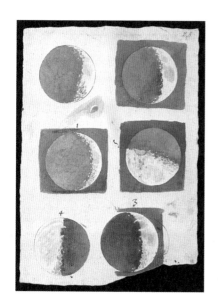

"작은 반점들을 거듭 관측한 결과, 달과 모든 천체에 대해 옛날부터 많은 철학자들이 믿었던 것과 달리, 달 표면이 매끈하거나, 평평하거나, 완벽한 구 모양을 하고 있지 않다는 결론에 이르렀다. 오히려 그와 반대로 달의 표면은 거칠고 울퉁불퉁하며, 높고 낮은 돌출부로 가득 차 있다. 즉, 달 표면에도 지구 표면과 아주 비슷하게 높은 산과 깊은 계곡이 있다." (갈릴레오의 『별의 소식』중에서)

1616년에 갈릴레오가 수채화로 그린 달.

그럼 해리엇과 갈릴레오의 달 그림에서 보이는 차이는 그림 실력의 차이뿐만 아니라 달의 구조에 대한 생각의 차이로 볼 수 있을까?

답은 잠시 미루고 조금만 더 그들의 행보를 살펴보자. 이후로 이 둘은 달 그림에서 보이는 차이만큼이나 정반대의 길을 갔다.

최초로 망원경으로 달을 관찰하고 기록했지만, 해리엇은 자신의 연구를 발표하지 않았다.

. . . .

반면, 갈릴레오는 기회를 허투루 날리지 않았다.

망원경으로 내가 관찰한 것을 다른 이도 볼 수 있을 테니 서둘러야 해!

그는 피렌체 메디치 가문에 편지를 보내 자신의 연구를 알렸다.

"저는 망원경을 이용해 이미 달이 지구와 매우 비슷하다는 것을 확인한 바 있습니다. 또한 망원경 덕분에 저는 달뿐만 아니라 전에는 결코 볼 수 없었던 한 무리의 붙박이별들이 이루는 놀라운 광경을 볼 수 있었습니다. 이로서 은하수가 무엇인가에 대한 확실한 답을 얻을 수 있었습니다. 그러나 더욱 놀라운 것은 4개의 새로운 행성을 발견했다는 것입니다."

-갈릴레오-

갈릴레오는 달을 비롯하여 은하수, 목성의 위성을 관찰하고 서둘러 책으로 엮어 1610년 3월 12일에 『별의 소식』(Sidereus Nuncius)을 출판하고 피렌체 메디치 가문의 코시모 2세에게 영광을 바쳤다.

이 책은 이탈리아뿐만 아니라 영국, 스페인, 네덜란드 등에서도 크게 주목 받았다. 이를 계기로 갈릴레오는 마침내 그토록 바라 마지않던 메디치 가 문의 전속 철학자가 되어 돈과 명예를 쥐고 연구에만 몰두할 수 있는 자리 에 오르게 되었다.

갈릴레오는 책에 대한 의견을 묻는 편지를 케플러에게 보냈고, 케플러는 1610년 4월 19일에 장문의 편지로 화답했다.

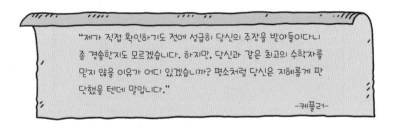

"제가 직접 확인하기도 전에 성급히 당신의 주장을 받아들이다니 좀 경솔한지도 모르겠습니다. 하지만, 당신과 같은 최고의 수학자를 믿지 않을 이유가 어디 있겠습니까? 평소처럼 당신은 지혜롭게 판단했을 텐데 말입니다."

-케플러-

그해 6월 영국에서도 『별의 소식』이 논평되었다.

해리엇은 케플러와 편지를 주고받던 저명한 학자였기에 분명히 당시 큰 화제가 된 갈릴레오의 책을 보았을 것으로 여겨진다.

그러나 그는 갈릴레오에 대한 어떠한 의견이나 주장도 드러내지 않았다.

1610년 7월 17일에 해리엇은 조용히 달을 관찰하고 다시 펜을 들었다.

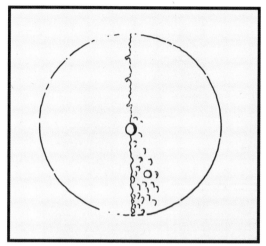

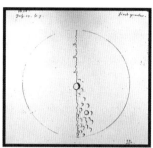

1610년 7월 17일에 그린 달.
(위쪽) 원본.
(왼쪽) 원본을 크게 옮겨 그린 그림.

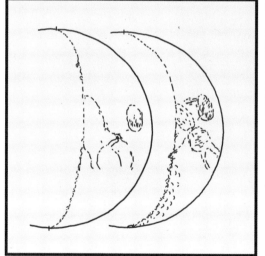

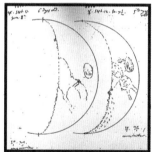

1610년 9월 12일에 그린 달.
(위쪽) 원본.
(왼쪽) 원본을 크게 옮겨 그린 그림.

이번에 그린 그림은 지난해에 그렸던 것과 전혀 달랐다. 오히려 갈릴레오 의 달 그림과 비슷했으며, 심지어 더 상세하기까지 했다.

어째서 해리엇의 1609년 그림과 1610년 그림은 그토록 다른 걸까?

달 그림을 둘러싼 해리엇과 갈릴레오의 이야기는 '패러다임의 창'에 대한
아주 이상적인 예로 보인다.

시나리오를 한번 써보자.

달은 매끈한데 왜 구불구불하게 그림자가 질까? 상이 굴절되어 보이기 때문일까?

해리엇은 달을 거울처럼 매끈한 존재라고 생각했다. 망원경으로 본 달에서 얼룩과 구불구불한 명암 구분선을 보았겠지만, 그 현상을 이해할 수 있는 이론적 틀이 없었기 때문에 그는 정확히 묘사하지 못했다.

반면 갈릴레오는 아리스토텔레스적인 세계관을 일찍부터 부정했다. 그는 아리스토텔레스가 주장한 물체의 운동에 대한 오류를 논박했다.

물체의 낙하 속도는 무게에 비례하지 않아.

따라서 갈릴레오는 달의 얼룩과 구불구불한 명암 구분선을 명확히 '볼 수' 있었고, 표현할 수 있었다.

표면이 매끈하지 않으니까 그림자가 구불구불한 거야!

1년 뒤 해리엇은 갈릴레오의 그림을 보고 나서야 새롭게 해석할 수 있게 되었고, 비로소 달에서의 그림자의 의미를 이해하고 그릴 수 있게 되었다.

아차! 그림자의 의미가 이런 것이었구나!

이렇게 추리소설의 결말처럼 모든 게 깔끔하게 맞아떨어지면 얼마나 명쾌하고 좋을까. 하지만 이건 그저 이상적인 추측일 따름이다.

과연 제가 저랬을까요?

현실은 늘 모호하고 불명확하다.

저는 코페르니쿠스주의자였던 것으로 여겨집니다.

비록 다른 이들에게 떠들고 다니진 않았지만요.

케플러와 편지를 주고받던 사이였고,

제 주변의 많은 이들도 코페르니쿠스주의자였습니다.

물론 지동설을 지지한다고 해서 달도 지구와 같다는 믿음까지 가졌다고 단정할 수는 없겠죠. 사실 지구와 비슷한 달이란 개념은 천동설과도 상충하지 않습니다.

그러니 갈릴레오와 마찬가지로 저도 아리스토텔레스주의를 비판적으로 바라볼 수 있는 틀은 갖추고 있었다고 볼 수 있지 않을까요?

또한 처음 달을 관찰했을 당시 해리엇이 가진 망원경의 성능은 6배율로 갈릴레오의 20배율에 비해 매우 낮았다. 해리엇이 처음 그린 달 그림이 명확지 않았던 데에는 이러한 이유도 한몫하지 않았을까.

어쨌든 후세의 학자들을 논쟁으로 이끈 가장 큰 이유는 이 내성적인 학자가 그림에 날짜를 제외하곤 어떠한 생각도 적어놓지 않았을뿐더러 어떠한 주장도 발표하지 않았기 때문이다. 심지어 그가 그린 달 그림들은 '발표'한 것이 아니라 '발견'된 것이다.

해리엇은 발표한 적 없는 상당한 분량의 과학과 수학 관련 문서들을 남기고 1621년에 세상을 떴다. 10년 뒤 그의 친구들이 이 중 대수학에 관련한 연구를 모아 발표한 적은 있지만, 그의 천문학 연구는 100년 넘도록 빛을 보지 못했다. 그 이유는 그의 달 그림에 아무런 주장도 적혀 있지 않았기 때문이었다.

1784년에 독일과 헝가리의 천문학자 브륄과 자크는 창고에 방치되어 있던 해리엇의 천문학 문서를 살피고 그 중요성을 깨달아 여러 편의 논문으로 발표했지만, 출판으로 이어지지는 못했다. 1831~1832년 즈음에 그들이 발표했던 해리엇 논문들을 살펴본 옥스퍼드 대학의 천문학 석좌교수이자 래드클리프 천문대장인 스티븐 피터 리고(Stephen Peter Rigaud, 1774~1839)는 자신이 준비 중인 책의 보충자료로 적은 분량이나마 해리엇의 연구를 다루었다. 해리엇의 많은 원고들이 본격적으로 학자들의 주목을 받기 시작한 것은 20세기가 되어서였다.

독일 천문학자 한스 모리츠 폰 브륄(Hans Moritz von Brühl, 1736~1809). 영국 왕립협회 회원이었으며 자크의 가정교사로서 그를 천문학으로 이끌었다.

헝가리 천문학자 바론 폰 자크(Baron von Zach or Frans Xaver von Zach, 1754~1832).

비록 해리엇과 갈릴레오의 달 그림에 대한 이야기는 기대했던 만큼의 '패러다임의 창' 개념에 완벽히 부합하는 예가 되지는 못했다. 하지만 관심의 조리개를 열어 더 넓게 바라보면 그들의 그림에서 또 다른 함의를 찾을 수 있다.

천체는 인간이 이해할 수 없는, 천상계에 놓인 존재였기에 그 물리적 성질은 연구의 대상이 될 수 없었다. 또한, 너무 멀리 떨어져 있어서 눈으로는 세부적인 모습을 관찰할 수 없다는 현실적인 한계도 있었다.

그래서 달이나 태양은 16세기까지 보통 신과 같은 상징적 존재로 묘사하거나, 우화적인 표현으로서 얼굴을 그려넣거나, 화염이나 빛줄기처럼 뾰족뾰족한 돌기가 드러난 원으로 그려졌다.

네덜란드의 미술가 형제인 랭부르 형제(Limbourg brothers)가 그린 『베리 공작의 매우 호화로운 기도서』(1412~1416)에 실려 있는 그림. 빛을 선으로 묘사한 태양이 눈에 띈다.

천문학은 행성의 운동을 계산하는 수학에 가까웠기 때문에 천문학 책에 수록된 천체의 그림 또한 원과 같은 도형이나 다이어그램으로 표현했다.

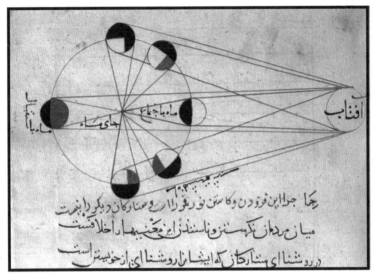

이슬람의 수학자, 철학자, 천문학자인 알 비루니(Abū Rayhān al-Bīrūnī, 973~1048)의 1019년 책에 실려 있는 달 위상을 설명하는 그림.

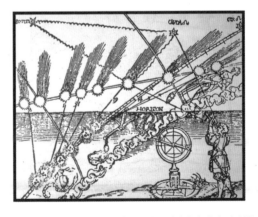

혜성을 관찰하고 기록한 독일의 수학자, 천문학자, 지도 제작자인 페터 아피안(Peter Apian, 1495~1552)의 책 속표지에 실린 목판화 그림(1532년). 혜성의 꼬리가 항상 태양의 반대 방향을 향하는 것을 시간의 흐름에 따라 보여주고 있는 이 그림은 놀랍게도 마치 애니메이션처럼 정보를 시각적으로 제시하고 있다. 태양은 우화적으로 표현했다.

그러나 지동설과 망원경의 등장은 천체의 관찰을 막고 있던 심리적, 물리적 장벽에 균열을 냈다. 지동설은 천체를 신의 영역에서 인간의 영역으로 끌고 내려왔고, 망원경은 천체를 더 가까이 볼 수 있게 해 주어서 천체의 물리적 특성에 대한 연구를 가능케 했다. 비로소 천체는 연구와 관찰의 대상이 되었다.

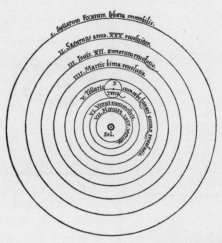

코페르니쿠스의 『천구의 회전에 관하여』에 실려 있는 다이어그램.

망원경으로 관찰한 천체의 모습을 기록하고 전달하는 데는 서술보단 그림이 훨씬 편리하다. 천문학에서 그림은 중요한 정보 전달의 수단으로 점차 자리 잡게 되었다.

앞서 달을 맨눈으로 관찰하고 묘사한 이는 레오나르도 다빈치였다. 그러나 그의 그림에는 달의 크레이터가 묘사되어 있지 않다. 육안으로는 이를 관찰하기가 불가능했을 것이다.

레오나르도 다빈치가 피렌체나 밀라노에 있었던 1505년과 1508년 사이에 달의 윤곽을 펜으로 스케치한 그림.

밀라노나 로마에 있었을 때인 1513년 또는 1514년에 그려진 것으로 추정되는, 흑백 분필로 달의 서쪽 절반을 그린 그림.

지구의 자기를 발견한 사람으로 유명한 윌리엄 길버트는 1600년에서 1603년 사이에 맨눈으로 달을 관찰하고 그림으로 남겼다.

윌리엄 길버트(William Gilbert, 1540~1603).

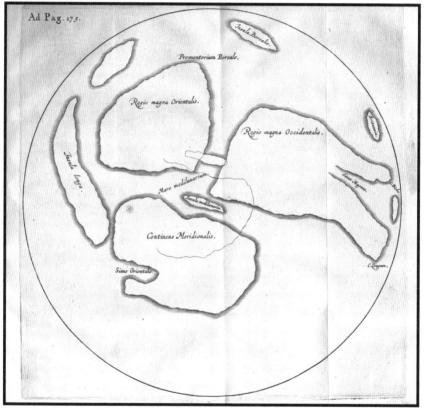

안타깝게도 이 그림은 해리엇의 그림과 마찬가지로 오랫동안 잊혀져 있었다. 길버트의 달 그림이 수록된 필사본 『달 아래 세계에 대한 새로운 철학』(*De Mundo Nostro Sublunari Philosophia Nova*)은 1651년에야 출판되었다.

길버트의 그림은 표현이나 구체성에서 많이 부족하다. 그의 목적은 달의 물리적 성질에 대한 연구가 아니라, 달의 칭동(librations)*에 관심을 가졌던 것으로 추측된다. 놀랍게도 그는 갈릴레오의 관측(1632년)보다 일찍, 망원경 없이도 그 미세한 달의 칭동을 예측했던 것으로 보인다.

* 칭동은 달 공전 궤도와 자전축의 기울기, 지구 자전의 흔들림으로 인해 달이 진동하는 현상을 말한다.

길버트의 달 그림과 그 연구 내용이 적힌 필사본은 왕립 도서관에 보관되어 있었기에 소수의 사람만 볼 수 있었다. 그의 그림이 늦게 알려진 이유다. 그러나 해리엇은 일찍부터 그 필사본을 도서관에서 읽었다. 해리엇은 길버트의 연구 내용 일부를 1608년 7월에 편지로 케플러에게 알려주었다. 해리엇은 길버트가 달 지도를 제작해 이를 통해 달 궤도에 대한 새로운 증거를 수집하는 데 활용하려는 것에 대해 흥미를 느꼈던 것으로 알려져 있다.

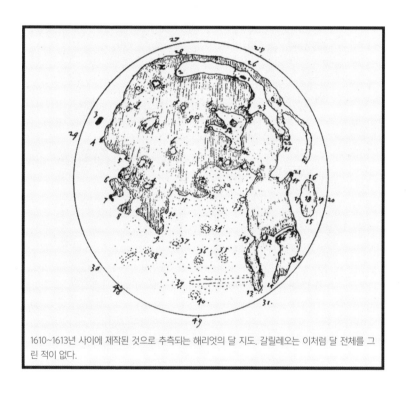

1610~1613년 사이에 제작된 것으로 추측되는 해리엇의 달 지도. 갈릴레오는 이처럼 달 전체를 그린 적이 없다.

따라서 일부 학자들은 해리엇의 달 그림은 처음부터 달의 물리적 특징을 연구하기 위해서가 아니라 지도 목적으로 제작된 것이라고 주장한다. 해리엇은 지도 제작자로서 활동했으며, 길버트의 연구에 흥미를 표명했고, 실제 그의 그림은 갈릴레오의 그림보다 더 정확하게 그려졌다.

반면, 갈릴레오가 『별의 소식』에서 달 그림으로써 주장하고자 했던 것은 달이 지구와 같다는 것이었다. 그의 그림은 목적에 맞게 좀 더 달의 지형이 극적으로 보이도록 명암이나 일부 크레이터의 크기가 과장되어 표현되었다. 반면 달의 실제 지형은 정확히 묘사되어 있지 않다.

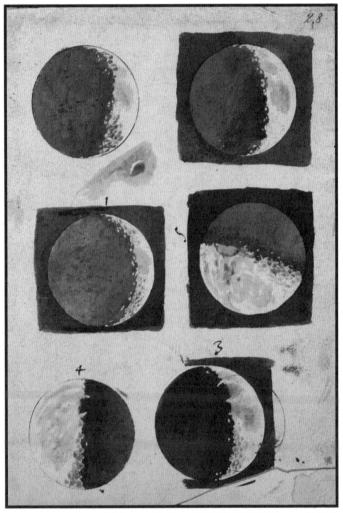

갈릴레오가 수채화로 그린 달. 이 그림을 목판화로 옮겨 『별의 소식』에 실었다.

갈릴레오의 『별의 소식』은 관측 천문학의 문을 열었다. 망원경은 그 문을 연 열쇠였다. 하지만 망원경이 즉각적으로 학자들에게 받아들여진 것은 아니다. 갈릴레오의 발견에 대해 큰 환호만큼이나 반대와 의심의 목소리 또한 높았다.

* 케사레 크레모니니(Cesare Cremonini, 1550~1631): 파두아 대학의 철학교수로서 갈릴레오의 친구이자 당시 가장 유명한 아리스토텔레스 철학자 중 한 명이었다.

지금 우리에게 망원경은 익숙하고 당연하지만, 당시에는 낯선 도구였다. 수학자라면 렌즈의 굴절 원리를 이해하는 데 어렵지 않았겠지만, 두 렌즈를 이용해 상을 확대하는 망원경의 원리는 아직 명확하게 정립되어 있지 않았다.

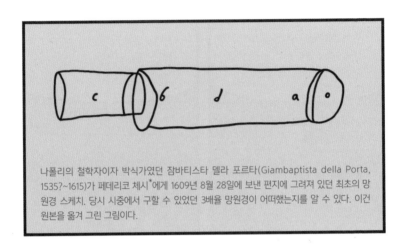

나폴리의 철학자이자 박식가였던 잠바티스타 델라 포르타(Giambaptista della Porta, 1535?~1615)가 페데리코 체시*에게 1609년 8월 28일에 보낸 편지에 그려져 있던 최초의 망원경 스케치. 당시 시중에서 구할 수 있었던 3배율 망원경이 어떠했는지를 알 수 있다. 이건 원본을 옮겨 그린 그림이다.

눈으로 볼 수 없는 현상을 보여주지만 아직 원리를 이해하지 못한 이 도구를 어떻게 믿을 수 있으며, 우리의 감각을 속이지 않는다고 어떻게 확신할 수 있을까. 갈릴레오의 발견을 진실이라고 믿어야 할 이유가 무엇일까.

* 페데리코 체시(Federico Cesi, 1585~1630): 이탈리아의 자연철학자이자 린체이 아카데미를 설립했다. 갈릴레오도 이 학회에 가입했다.

3
___

신뢰와 권위

『별의 소식』이 출판된 이후에도 몇 달 동안 갈릴레오의 발견을 확인한 이는 없었다.

갈릴레오의 망원경은 그 당시 가장 성능이 좋았기 때문에 시중의 망원경으론 달의 얼룩 정도만 볼 수 있었다. 물론 보이는 그 얼룩이 무엇인지에 대해 해석은 분분하긴 했지만 말이다.

망원경의 신뢰성에 대한 문제는 바로 메디치가에 헌정한 목성의 위성들에 있었다.

이거 참 큰일이군……

밤하늘에 흩뿌려져 있는 수많은 점 중에서 자신이 원하는 작고 희미한 빛의 점을 콕 집어 관찰하기란 쉬운 일이 아니다. 당연히 천문학에 대한 지식이 있어야 어디서 무얼 찾을지 알 수 있다.

여기에 더해 좋은 망원경은 필수다. 목성의 위성을 관측하기 위해선 갈릴레오가 만든 것 중에서도 완성도가 좋은 망원경으로만 관찰할 수 있었다.

망원경을 갖췄다 한들 누구나 볼 수 있는 것도 아니었다. 모든 도구가 그러하듯 망원경도 경험을 필요로 한다. 망원경은 일정 수준의 경험과 지식이 동반되어야만 '제대로' 볼 수 있는 도구다. 하물며 갈릴레오의 망원경이라고 해도 지금의 것에 비해 품질이 매우 낮았기 때문에 관측은 결코 쉽지 않았다.

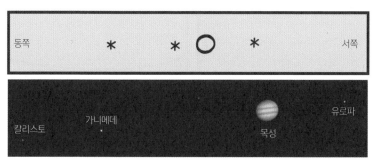

위: 『별의 소식』에 실려있는 1610년 1월 7일 저녁에 기록한 목성과 그 위성. 원본을 옮겨 그렸다.
아래: 나사의 화성 탐사선 마스 글로벌 서베이어(Mars Global Surveyor; MGS)가 2003년 5월 8일 화성 궤도에서 촬영한 목성과 위성들의 사진. 이오 위성은 목성에 가려 찍히지 않았다.

갈릴레오는 1609년 가을에 코시모 2세가 달을 관측할 수 있게 도왔다. 『별의 소식』을 출판한 후에도 갈릴레오는 1610년 4월에 피렌체를 방문해서 코시모 2세의 눈을 메디치의 별로 인도함으로써 자신의 발견을 확인시켰다.

그러나 다른 이들은 그렇지 못했다.

갈릴레오는 1610년 4월에 코시모 2세를 방문하고 파두아에서 피렌체로 돌아오는 길에 볼로냐에 있는 마지니*의 집에 들렀다.

어서 오시오, 갈릴레오.

당신의 놀라운 기구로 천체를 관측할 행운을 누리기 위해 많은 분들이 기다리고 있었소.

* 지오반니 안토니오 마지니(Giovanni Antonio Magini): 이탈리아의 천문학자, 수학자. 코페르니쿠스 천문학에 반대했으며, 1588년 갈릴레오를 제치고 볼로냐 대학교의 수학교수가 되었다. 4년 후엔 파도바 대학교의 수학 교수자리를 놓고 다시 갈릴레오와 경쟁하지만 실패했다.

오~ 이게 멀리 있는 사물도 바로 코앞에 있는 것처럼 보여주는 도구로군요.

어서 빨리 시연해 봅시다.

나도 좀 봅시다.

우와~ 정말이군요. 놀랍습니다. 놀라워요! 저 멀리 있는 나무가 이렇게 가깝게 보이다니.

그러나 해가 진 후 분위기는 차갑게 식었다.

당신이 말한 메디치의 별은 보이지 않는군요.

붙박이 별들이 이중으로 보이는데… 혹시 렌즈의 왜곡으로 인해 다른 별의 상이 반사되어 보인 거 아닙니까?

무슨 소리요! 내가 그런 것도 구분 못할 것 같소?!

이틀 동안 갈릴레오의 망원경으로 하늘을 살폈지만 누구도 목성의 위성을 보지 못했다. 화가 난 갈릴레오는 마지니에게도 알리지 않고 새벽에 떠났다.

젠장! 멍청한 녀석들!

목성 위성의 관측은 코시모 2세의 명예와도 직결되기 때문에 갈릴레오에겐 너무나 중요한 문제였다. 그 별들은 유령으로 남아선 안된다. 다른 이들도 그 별들을 보고 놀라운 발견에 공감하고 칭송해야만 메디치의 명예도 드높아진다. 반대로 누구도 관측하지 못한다면 자신은 물론이고 코시모 2세와 메디치 가는 비웃음거리가 될 것이다.

갈릴레오는 『별의 소식』을 출판한 후 서둘러 망원경을 제작해 자신의 주장을 증명해 주고, 권위를 더해주며 과학을 후원하는 저명한 이들에게 보냈다. 그러나 상황은 더 나빠졌다. 그가 목성을 관측한 1월 초에는 목성이 지구와 가장 가까운 위치를 지나고 있었기 때문에 잘 보였지만, 5월부터는 목성의 위치상 태양빛으로 인해 위성을 관측할 수 없었다. 그런 이유로 『별의 소식』을 출판한 후 몇 달이 지나도록 메디치의 별을 직접 관측하고 확인한 이는 거의 없었다.

직접 눈으로 확인하기도 전에 믿음과 지지를 선언하고 책까지 출판했던 케플러의 입장도 난처하긴 마찬가지였다.

케플러는 갈릴레오에게 위성을 관측할 수 있는 좋은 망원경을 보내줄 것을 요청했지만 그는 응하지 않았다. 갈릴레오는 수학자보단 더 권세 높은 후원자들에게 우선적으로 망원경을 보냈다.

갈릴레오는 쾰른 선제후에게도 망원경을 보냈는데, 다행히 프라하에 있던 케플러는 이 망원경을 선제후에게서 며칠간 빌릴 수 있었다. 목성의 위성은 7월 말부터 다시 관측할 수 있었고, 케플러는 1610년 8월 30일부터 이 망원경으로 목성의 위성을 확인하는 작업에 착수했다.

케플러는 지위가 높거나 저명한 학계 동료를 이 관측에 참여시켜 권위를 높였다. 케플러는 그 결과를 『목성의 움직이는 동행자 4개를 직접 관측한 요하네스 케플러의 설명』이라는 소책자로 발표했다. 갈릴레오의 『별의 소식』은 출판한지 7개월이 지나서야 케플러에 의해 증명되었다.

1610년 말 즈음에는 몇몇의 학자들도 망원경으로 목성의 위성을 관측할 수 있었다.

하지만 예수회 학자를 중심으로 갈릴레오의 발견을 의심하는 목소리가 계속됐다.

갈릴레오. 이 친구 참……

갈릴레오는 그들의 목소리를 잠재워 줄 기독교 학술의 중심인 콜레지오 로마노(Collegio Romano)의 확인을 고대했다. 갈릴레오는 콜레지오 로마노가 1610년 말경에 베네치아의 장인으로부터 좋은 망원경을 구입했다는 소식을 듣고 예전부터 친분을 나눴던 콜레지오 로마노의 크리스토퍼 클라비우스를 재촉했다.

"이제 침묵을 깨고 제가 발견한 것에 대한 의견을 묻고자 합니다. 이전에 당신과 예수회 신부들이 메디치 별의 관측에 실패했단 소식은 들었지만 별로 놀랍진 않았습니다. 아마도 그 기구의 성능이 미흡했거나, 손에 들고서 관측을 했기 때문일 겁니다. 특히 그 기구는 반드시 고정되어야 하는데, 동맥의 맥동이나 호흡에 의한 흔들림 조차 관측을 불가능하게 만들기 때문입니다. 그리고 당신은 그 기구를 사용한 경험이 거의 없기 때문에 익숙하지도 않았을 것입니다."

-1610년 10월 클라비우스에게 보낸 편지에서

"빨리 답해주지 못해 미안합니다. 누구보다 빨리 메디치의 별을 보고 싶었기 때문입니다. 사실 우리는 로마에서 메디치의 별을 한 번 이상, 명확히 관측했습니다. 그것은 분명 붙박이 별이 아닌, 불규칙한 별이었습니다. 그 별들은 자신들 사이와 목성 주변을 움직이고 있었습니다. 그 별들을 최초로 관찰한 당신의 발견은 칭송받아 마땅합니다."

-1610년 12월 갈릴레오에게 보낸 편지에서

클라비우스의 지지에 힘을 얻은 갈릴레오는 직접 로마를 방문해 『별의 소식』에서 밝힌 천문학적 발견에 대한 공식적인 인정을 받기로 결심하고 1611년 3월 경 로마에 입성했다.

당시 콜레지오 로마노의 수장이었던 로베르토 벨라르미노(Robert Bellarmine, 1542~1621) 추기경은 콜레지오 로마노의 학자들에게 갈릴레오가 로마에 도착하기 전 그의 발견을 확인해줄 것을 요청했다.

닷새 후, 클라비우스를 포함한 4명의 학자들은 갈릴레오의 발견이 진실이라고 알려왔다.

로마에 도착한 갈릴레오는 콜레지오 로마노의 인정과 함께 열렬한 환영을 받았으며 그와 망원경의 지위는 확고해졌다. 이제 망원경은 우리의 감각을 속이지 않는 진실된 관측 도구로서 가치와 권위를 갖게 되었다.

그러나 보이는 것과 그것에 대한 해석은 다른 문제였다. 콜레지오 로마노의 예수회 학자들은 갈릴레오의 발견과 망원경의 신뢰성은 인정했지만, 갈릴레오의 해석은 인정하지 않았다. 망원경은 눈으로 볼 수 없는 것을 보여주는 도구지, 그것의 실체를 보여주는 도구는 아니었다.

예를 들어, 클라비우스는 달의 얼룩에 대해서 다음과 같은 해석을 내렸다.

달에는 수정과 같은 완전히 투명한 막이 씌어져 있기 때문에 원칙적으론 완벽한 구형이며, 갈릴레오가 관측한 건 매끈한 외부 표면이 아닌 밀도의 차이로 인해 얼룩처럼 보이는 내부 표면일지도 모릅니다.

아름다운 상상입니다. 다만 당신의 그 생각은 증명된 바가 없고 증명할 수도 없다는 것이 문제이지요.

예수회 학자들은 망원경을 '철학적' 도구가 아닌 '수학적' 도구로 정의했고, 기독교 신념 안에서 눈에 보이는 현상을 해석하려고 애썼다. 예수회 학자들이 그린 달 그림에서도 그러한 면을 엿볼 수 있다. 그들은 정확한 달을 그리려 하기보단 눈에 보이는 것을 해석하기 위한 그림에 맞춰져 있다.

독일 예수회 천문학자 크리스토프 샤이너(Christoph Scheiner, 1575~1650)의 『수학 논고』(*Disquisitiones mathematicae*, 1614)에 실린 달 그림. 샤이너는 직접 천문 관측을 했지만, 갈릴레오의 주장에 반대했으며 끝내 지동설을 받아들이지 않았다.

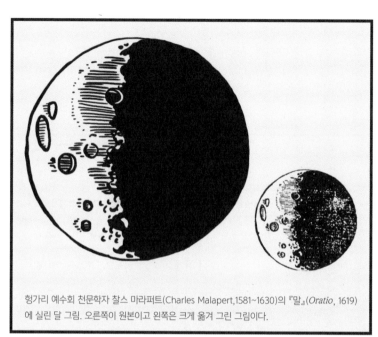

헝가리 예수회 천문학자 찰스 마라퍼트(Charles Malapert,1581~1630)의 『말』(Oratio, 1619)에 실린 달 그림. 오른쪽이 원본이고 왼쪽은 크게 옮겨 그린 그림이다.

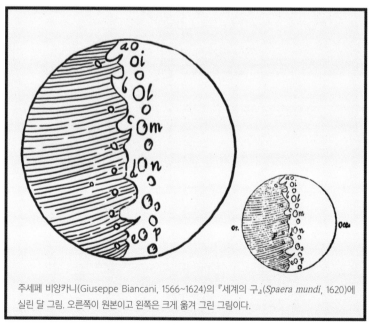

주세페 비앙카니(Giuseppe Biancani, 1566~1624)의 『세계의 구』(Spaera mundi, 1620)에 실린 달 그림. 오른쪽이 원본이고 왼쪽은 크게 옮겨 그린 그림이다.

『별의 소식』을 시작으로 자신이 본 것을 증명하고 의견을 주장하기 위한 자료로서 달을 관찰하고 묘사한 삽화가 천문학 서적에 등장하기 시작했다. 하지만 정확성이나 표현성에 있어 갈릴레오를 넘어서는 그림은 쉽게 나타나지 않았다. 달의 겉모습을 자세히 묘사해야 할 필요가 없었기 때문이다.

육지에서는 물론이거니와, 특히 먼 바다를 항해할 때 경도 문제는 큰 어려움입니다.

현재 가능한 방법은 세계에서 동시에 일어나는 사건을 여러 지역에서 측정하는 것입니다.

예를 들자면...... 월식 같은 거죠.

니콜라 클로드 파브리 드 페렉(Nicolas Claude Fabri de Peiresc, 1580~1637).

피에르 가상디 (Pierre Gassendi, 1592~1655).

월식이 일어나는 동안 달의 특징적인 지형들이 그림자에 가려지거나 빠져나오는 시각을 정확히 기록한다면, 그에 따른 경도 측정의 정확성도 크게 높일 수 있습니다.

그래서 달을 관찰하고 정확히 묘사할 수 있는 실력 있는 예술가를 찾고 있습니다.

우리는 당신이 가장 적합한 인물이라고 생각합니다.

클로드 멜랑 씨.

프랑스 화가, 판화가 클로드 멜랑 (Claude Mellan, 1598~1688).

4

하늘의 시계

교역, 정복, 전쟁 등으로 분주히 바다를 오가게 되면서 경도 문제는 점차 큰 골칫거리가 되었다. 배들은 해안선을 따라 이동하면서 조잡한 속도 측정법과 별의 위치, 나침반을 이용해 출발했던 항구로부터 동쪽이나 서쪽으로 얼마나 왔는지를 추측했다.

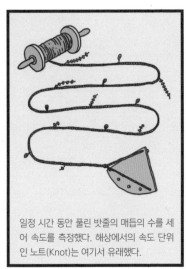

일정 시간 동안 풀린 밧줄의 매듭의 수를 세어 속도를 측정했다. 해상에서의 속도 단위인 노트(Knot)는 여기서 유래했다.

해류와 바람, 측정의 실수가 더해져 큰 오차가 발생할 때면 종종 불행한 결과로 이어졌다.

무요?

교역품을 싣고 오다가 암초에 부딪혀 좌초되었다고 합니다.

맙소사, 혹시 건진 물건은 있소?

배를 잃는다는 건 인명 피해뿐만 아니라 왕실 입장에서는 재산을 잃는 것이었다.

선원 몇 명만 간신히 빠져나왔고 전부 바다에 가라앉고 말았습니다.

펠리페 3세의 이름으로 '경도를 발견하는 자'에게 막대한 상금을 주겠다고 전역에 공표하시오!

각국 정부는 경도 문제를 해결하기 위해 큰 포상금을 내걸었다.

경도 문제를 해결하기 위한 노력은 크게 두 방향으로 나뉘었다.

> 배 위에서도 정확성을 유지할 수 있는 시계가 있다면 경도를 알아낼 수 있습니다.

먼저 정확한 시계를 만들려는 시도가 있었다.

플랑드르의 천문학자 젬마 프리시우스
(Gemma Frisius, 1508~1555).

14세기에 기계식 시계가 등장했고, 16세기에는 휴대할 수 있는 크기의 시계가 존재했다.

1550년~1570년 사이에 등장한 휴대 가능한 크기의 원통형 시계.

하지만 당시 시계는 너무나 부정확했을뿐더러 해상에서의 흔들림과 온도 변화도 견디지 못했다. 정확한 해상 시계를 만든다는 건 한동안 불가능해 보였다.

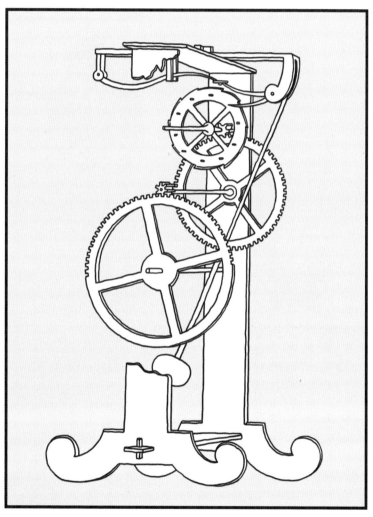

진자시계를 스케치한 갈릴레오의 그림을 옮겨 그렸다. 갈릴레오는 정확한 해상 시계를 고안하며 진자를 이용한 시계를 떠올렸다. 그러나 그는 이 스케치의 시계를 직접 만들어 보지는 않았다.

다른 한편에선 늘 일정하게 운행하는 하늘의 시계에서 그 답을 찾으려 했다. 1610년 1월, 엑상 프로방스 지역의 귀족가문 출신으로 당시 고등법원에서 법률 상담을 하던 페렉은 갈릴레오가 목성의 위성을 발견했다는 소식을 듣고 흥분을 감추지 못했다.

그는 갈릴레오의 주장을 하루빨리 확인하고 싶었지만, 망원경을 구하기가 쉽지 않았다. 페렉은 11월이 되어서야 파리에 있던 형제가 보내준 망원경을 손에 쥘 수 있었다.

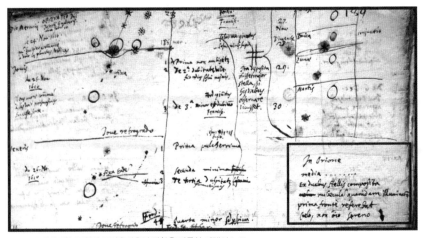

1610년 11월 26일에 오리온성운의 관찰을 기록한 페렉의 노트.

골티에르 법무관님도 보았듯이 목성 둘레로 목성의 위성들이 돌고 있었습니다.

정말 놀라운 광경이었소. 갈릴레오는 정말 대단한 학자요!

그의 책 『별의 소식』은 코페르니쿠스 체계가 단순한 가설이 아닌 사실이라는 강력한 증거가 될 거라 보오.

당신은 어떻게 생각하시오?

저도 그렇게 생각하지만, 교회 쪽 반응을 보선 아직 조심해야 할 분위기인 듯합니다.

저는 제가 이해할 수 없는 하늘의 체계에 대한 생각보다는 사람들에게 직접 도움이 될 수 있는 무언가가 있지 않을까를 고민해 보았습니다.

당시 엑상 프로방스에서 주교의 대리 법무관(vicar general)이자 아마추어 천문학자였던 조제프 골티에르 드 라 발레트(Joseph Gaultier de la Vallette, 1564~1647). 후세에 알려진 건 없지만, 당시엔 많은 사람의 인정을 받았던 것으로 보인다.

혹시 경도 문제에 대해 에스파냐의 펠리페 3세가 큰 포상금을 내건 일을 알고 계십니까?

물론이요. 10년이 넘었지만, 아직도 그 문제를 해결하지 못했다지요.

저는 목성의 위성들을 보면서 이것을 시계로 활용할 수 있지 않을까 생각했습니다.

적당한 게…

목성의 위성들은 끊임없이 변화하는 배열을 만들어 냅니다.

유럽 여러 곳에서 이 별들의 주기와 배열을 정확히 관측해 기록하고, 그 시간을 비교하면 경도 문제를 해결할 수 있지 않을까요?

충분히 가능성이 있다고 생각합니다.

호오~

좋은 생각입니다. 하지만 쉽지 않을 텐데요?

고생을 감내할 만큼 충분히 가치 있는 일입니다. 저는 목성과 그 위성의 배열에 관한 천체력*을 만들어보려 합니다.

*천체력(ephemerides): 매월 매일의 천체 위치를 수록한 조견표

페렉은 엑상 프로방스의 귀족 집안 출신으로 이탈리아와 프랑스의 학교에서 교육을 받았다. 젊은 시절 유럽 전역을 여행하며 여러 지식인, 종교인과 친분을 쌓고, 견문을 넓혔다. 천문학을 비롯해 다방면에 관심이 많았고, 갈릴레오와도 교류했다. 이런 그의 자질과 활동은 유럽의 과학 네트워크를 서신으로 이어주는 역할을 하며 과학 발전에 이바지했다.

정말 훌륭하오. 내 도움이 필요하면 언제든 말하세요. 기꺼이 도와주겠소!

그 말씀 꼭 기억하고 있겠습니다. 하하하~

페렉은 갈릴레오의 『별의 소식』을 읽고 크게 기뻐했고 그의 관측을 재현했지만, 전통적인 세계관을 반박하는 이론을 내놓지는 않았다. 그는 하늘의 체계에 대한 원리보다는 겉으로 관측할 수 있는 움직임에 주목했다. 갈릴레오와 달리 페렉은 천체에 대한 논의의 폭을 좁혀 실용적인 측면에 관심을 기울였다.

열정으로 불타오른 페렉은 부지런 히 목성의 위성 관측을 계속했다.

대략의 천체력이 완성되자 페렉은 조수들을 지중해 지역 곳곳으로 파 견해 정확성을 시험했다.

1611년 11월, 페렉은 목성 위성의 천체력 출판을 앞두게 되었다.

골티에르 법무관님이 오셨습니다.

때마침 잘 오셨군.

그러나 페렉은 어찌 된 영문인지 이를 끝내 출판하지 않았다.

훗날 그의 전기를 쓴 가상디의 기록에 따르면, 갈릴레오를 존경했던 페렉이 갈릴레오도 같은 연구를 하고 있다는 소식을 듣고 출판을 포기했다고 전한다.

실제로 갈릴레오도 경도 문제를 해결하려는 방법으로 목성 위성의 위치를 계산한 천체력을 떠올렸고, 1613년 초에 펠리페 3세에게 건의했다. 펠리페 3세 측은 거친 바다 위에서 목성의 위성을 측정하는 것은 불가능하다고 판단해 그의 제안을 거절했다.

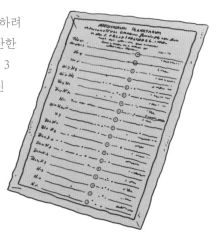

그 밖에 페렉이 업무의 증가와 여러 인문주의 활동에 몰두하면서 천문학적 관심이 식었기 때문이라는 설 등 다양한 의견이 제시되었다. 하지만 아마도 그가 조사한 천체력의 정확도가 기대에 미치지 못했을 가능성도 많아 보인다. 페렉은 지중해 각지에 조수를 파견해 기록한 관측치와 파리의 관측치를 비교해 계산했지만, 정확한 경도를 계산하는 데 실패했다. 그 실패의 주된 이유는 위성들의 상대적 위치를 기록했기 때문이다. 정확성을 높이기 위해선 목성 위성의 식(eclipse)을 기록해야 했다.

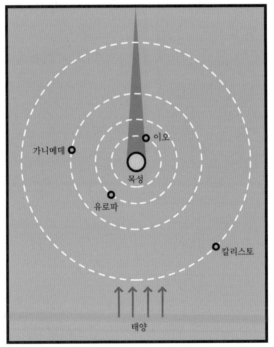

목성의 그림자로 위성이 들어가고 나오는 순간을 기록하면 정확성을 높일 수 있지만 페렉의 장비로는 이 현상을 관찰할 수 없었다.

페렉의 목성 위성 관측은 1612년 중반까지 진행했지만 결국 중단되었다. 이후로 그의 천문학적 활동은 오랜 시간 잠잠했다.

그 후, 거의 15년이 흐른 1628년 1월 20일이 되어서야 페렉은 가상디와 함께 엑상 프로방스에서 월식 관측을 다시 시작했다.

파리에 있는 친구들도 정확히 관측했어야 하는데……

누구보다 뛰어난 학자들이니 허투루 측정하진 않았을 것입니다.

제발 그랬기를 바라야지.

페렉은 그해 2월에 파리의 동료들로부터 월식을 관측한 자료를 넘겨받았다.

엑상 프로방스와 파리의 정확한 경도 차이가 나왔습니다!

두 도시의 경도 차이는 3° 30'입니다.

두 곳의 월식 관측치가 정확하기 때문에 이 결과값이 확실합니다.

지금의 지도는 두 도시의 경도 차이를 1도 미만으로 나타내고 있는데 오차를 크게 줄였군요!

목성 위성의 배열을 관측하는 것보다 월식의 관측이 훨씬 수월하고 더 정확합니다.

그럼 유럽 각 도시에서 지금까지 기록되어 있는 월식 자료를 모아 계산하면 쉽게 경도 값을 계산할 수 있겠군요.

아니요. 과거의 관측 자료는 부정확해서 이용할 수 없습니다.

2년 전의 엑상 프로방스와 파리의 월식 기록이 있었지만, 그걸로 계산하면 이번과 같은 결과값이 나오지 않습니다.

지금부터 잘 훈련된 천문학자가 새로 관측한 월식 자료를 수집해야 합니다.

지역마다 믿을 만한 관측자를 배치하는 것이 가장 큰 어려움이겠군요.

주변에 적극적으로 도움을 청해야겠죠.

페렉은 이번 관측의 신뢰도를 높이고 장차 월식을 관측하는 데 도움을 받기 위해 갈릴레오를 비롯한 저명한 천문학자들뿐만 아니라 로마의 주요 인사들에게 이 소식을 알렸다.

월식을 이용한다고?

갈릴레오

그리고 자신이 후원하는 가상디와 함께 월식 관측 프로젝트에 박차를 가했다.

피에르 가상디(Pierre Gassendi, 1592~1655): 신학자로서 경력을 시작했지만, 아리스토텔레스 사상과 기독교 신학에 불만을 갖고 에피쿠로스의 원자론으로 관심을 돌렸다. 경험주의 철학자인 그는 에피쿠로스의 원자론을 유럽에 부활시킨 인물로 유명하다. 자연철학에서는 중요한 업적을 이루지 못했지만, 천문학, 지질학, 물리학에도 많은 관심을 가졌다.

페렉은 그동안 유지해왔던 인맥을 본격적으로 이용했다. 그는 유럽 전역에서 월식을 동시에 관측하고 기록하기 위해 여러 지식인 모임과 교회 권력자들에게 협력을 구했다.

특히 그는 추기경들에게 적극적으로 도움을 요청해 선교사와 지역 사제들을 월식 관측에 투입했다. 이들은 수학과 천문학에 능숙했기 때문에 더 정확한 관측 자료를 제공할 수 있었다. 그는 요청과 협박(?), 뇌물을 적절히 사용해가면서 협력자들의 적극적인 참여를 이끌어냈다.

그러나 역병과 정치 불안으로 인해 프로젝트는 두 차례나 중단되었다. 그중에서도 가장 큰 사건은 1633년에 일어났다.

『별의 소식』 이후로 가톨릭과 계속 갈등을 겪던 갈릴레오는 1632년에 『두 우주 체계에 관한 대화』를 출판함으로써 마침내 파탄에 이르고 말았다. 갈릴레오는 1633년 2월에 로마로 소환되었고, 1633년 6월 22일에 종교재판에서 유죄를 선고 받고 가택연금 되었다.

조제프 니콜라스 로베르 플뢰리(Joseph-Nicolas Robert-Fleury, 1797~1890)가 그린 <종교 재판소 앞의 갈릴레오> 그림 일부를 수정해 옮겨 그렸다.

갈릴레오에 대한 교회의 단죄는 천문학과 관련한 사람들을 크게 위축시켰다. 페렉도 연구 활동에 더 큰 제약이 생기지 않을까 노심초사했다. 페렉은 교회와의 갈등을 원치 않으면서도, 천문 관측을 계속해 나가고 싶었다. 연구 활동을 위해선 일찍부터 교회의 협조가 필요하다는 것을 깨달았던 페렉은 가톨릭 인사들과 긴밀한 유대관계를 다져왔고, 적극적으로 그들에게 도움을 요청했다.

종교와 과학의 갈등이 계속 심해지면 과학 연구에도 큰 제약이 따를 텐데······

페렉은 망원경에 국한한 천문 관찰의 실용적 측면을 강조함으로써 우려를 불식시키려고 노력했다.

페렉과 교회의 유대와 저명한 추기경들로부터의 지지는 긴장감이 감도는 상황에서도 경도 프로젝트를 위해 성직자들을 모집하고, 관측 활동을 지속하게 하는 데 강력한 힘을 발휘했다.

* 동부 지중해 지역.

특히 그가 평소에 많은 공을 들여 친분을 유지해왔던 인물인 교황 우르바노 8세의 조카 프란체스코 바르베리니 추기경은 든든한 아군이었다.

프란체스코 바르베리니(Francesco Barberini, 1597~1679).

한편으로 페렉은 갈릴레오의 탄원에도 힘을 쏟았다. 페렉은 그동안의 노력을 물거품으로 만들어버릴지 모르는 위험을 무릅쓰고 바르베리니 추기경에게 갈릴레오의 형량을 감형해주길 요청했다.

갈릴레오의 저조는 소크라테스가 겪은 박해에 비교되어 성하께 얼룩으로 남게 될 것입니다.

당신의 편지는 성하께 반드시 전달하겠지만, 더 이상 이 문제에 개입하지 않겠소.

페렉은 더 이상 갈릴레오의 탄원을 부탁하지 않았지만, 갈릴레오의 주장을 입증할 증거는 계속 수집했다. 그 중에는 조수 현상도 있었는데, 갈릴레오는 『두 우주 체계에 관한 대화』에서 이를 지구의 자전과 공전에 대한 결정적인 근거라고 주장했다. 그러나 조수 현상을 일으키는 주된 힘은 달의 인력이다.

과학과 가톨릭의 관계가 최악으로 치달았던 상황에서도 페렉의 노력으로 천문 관측은 계속해서 이어질 수 있었다. 오히려 페렉은 많은 성직자를 관측 활동에 참여시켜 당시 분위기를 희석시켰다.

한편 목성의 위성 관측 때부터 발목을 잡았던 문제는 이번에도 반복되었다. 경도를 계산하기 위해선 월식이 시작되는 순간과 끝나는 순간을 정확히 기록해야 하지만 쉽지 않은 일이었다.

여전히 좋은 망원경은 구하기 힘들었고, 신뢰할 수 있는 정확한 시계는 존재하지 않았다. 관측자에 따라선 해시계, 물시계, 혹은 진자시계 등 제 나름의 방법으로 시간을 측정해 기록했다. 날씨와 개인적 사정으로 월식의 시작이나 끝나는 시점만 기록해 보내는 이들도 있었다.

월식은 한 시간이 넘게 진행되니 아무래도 집중력이 떨어질 수밖에 없습니다.

그럼 어떡하면 좋겠소?

월식의 시작점과 끝나는 시점만 기록할 게 아니라, 월식 중간에도 기록하는 게 어떨까요?

달의 특정한 지점을 몇 군데 정해 지구의 그림자가 지나는 시간을 측정하는 겁니다. 그러면 더 정확하고, 더 많은 측정치를 얻을 수 있습니다.

하지만 모든 관측자가 달의 같은 지점을 측정하고 있는지 보장할 방법이 없잖소?

달의 정확한 지도가 있다면 가능합니다.

137

달 지도라고?

오! 그렇겠군. 지도가 있다면 측정 기준점을 정하는 것은 어렵지 않겠어.

정말 기발한 생각이오! 서둘러 진행해봅시다.

그런데 우리는 정확히 측정할 수는 있는 눈은 있지만, 눈에 보이는 걸 정확히 옮길 수 있는 손은 없습니다.

먼저 일을 도와줄 화가가 필요합니다.

그럼 빨리 적합한 화가를 찾읍시다.

그들은 1634년 6월, 그리고 8월에 달 지도 제작을 시도했다. 그러나 두 번 모두 페렉의 성에 차지 않았다.

절레절레—

이 정도로 그려선 지도를 제작하는 의미가 없습니다!

더 정확하고 상세하게 그려야 합니다.

눈앞에 있는 사물도 아니고 저 기구의 작은 구멍을 통해 보면서 달을 그리는 게 쉬운 줄 아십니까?

상이 뚜렷하지도 않을뿐더러 자세히 그리려면 상을 더 확대해야 하는데 저 정도론 안 된다고요.

아니요. 더 정확하고 상세해야 합니다.

그의 말이 맞긴 합니다. 지금 우리가 가진 망원경으로는 달의 지형을 정확히 관찰하기가 힘든 게 사실입니다.

올해 초 갈릴레오에게 부탁한 렌즈는 대체 언제 도착할는지……

페렉은 앞서 1634년 1월 16일 갈릴레오에게 렌즈를 요청하는 편지를 보냈다.

건강이 허락치 않아 몇 개의 렌즈밖에 보내질 못해 정말 미안하오.

갈릴레오가 보낸 렌즈는 가을 즈음에 가상디에게 전달되었다.

갈릴레오의 렌즈가 도착했습니다!

망원경의 향상과 더불어 훌륭한 예술가도 찾을 수 있었다. 프랑스 출신인 그는 로마에서 활동하고 있었던 화가이자 판화가인 클로드 멜랑이었다.

멜랑은 달 지도 제작에 참여하기로 하고 프로방스로 넘어왔다. 마침내 1636년 8월에 달 지도 작업이 재개되었다.

1636년 초에 멜랑은 엑상 프
로방스에서 달을 스케치한 후
그 해 5월 파리로 건너와 판화
를 완성했다. 그림은 지도 목적
이 아닌 달의 실제 모습을 묘사
하는 데 중점을 둔 것으로 보인
다.

진행은 순조로웠다. 멜랑은 12월에 보름달, 상현달, 하현달을 그린 세 장의 동판화를 완성했다. 멜랑의 그림은 그때까지 등장했던 그림과는 전혀 다른 차원의 완성도를 보여주었다.

앞으로 멜랑 씨의 손에서 완성될 달 지도가 정말 기대됩니다!

그러나 신은 다른 계획을 가지고 있었다.

144

1637년 6월 24일에 페렉이 사망하면서 멜랑의 달 지도는 영원히 볼 수 없게 되었다. 달 지도 제작은 물론이거니와 그가 조직한 유럽 전역의 천문 관측 네트워크, 아마추어 천문학자를 교육하기 위해 설립한 천문학교 모두 페렉의 인적 네트워크와 자산, 무엇보다 그의 열정으로 움직이고 있었다. 페렉이란 에너지가 사라지자 모두 멈춰 버렸다. 그가 쌓아 올린 모든 것들은 그의 죽음과 함께 파도에 쓸린 모래성처럼 흩어졌다.

5

갈릴레오를 넘어

갈릴레오는 처음 망원경을 손에 넣은 지 약 6개월 만에 30배율의 망원경을 만들었고 이를 이용해 놀라운 천문학적 발견을 이뤘지만, 사실 그는 천문 연구를 위해 망원경을 만든 건 아니었다. 당시 금전적으로 어려움을 겪고 있었던 갈릴레오는 군사용으로 판매하기 위해 망원경을 제작했다.

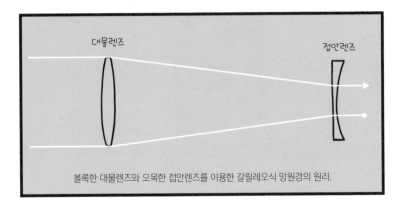

볼록한 대물렌즈와 오목한 접안렌즈를 이용한 갈릴레오식 망원경의 원리.

처음의 의도가 무엇이었든 갈릴레오는 망원경을 하늘로 향해 천문학적 발견을 이루었고 명예를 거머쥐었다. 그의 망원경에 대한 권위는 누구도 범접할 수 없었다. 갈릴레오는 더 나은 망원경을 위한 렌즈 제작 기술에는 관심을 가졌지만, 더 발전된 형태의 망원경을 만들지는 않았다.

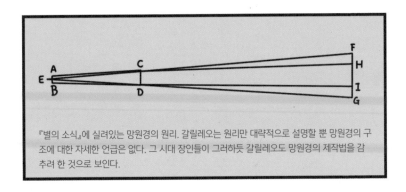

『별의 소식』에 실려있는 망원경의 원리. 갈릴레오는 원리만 대략적으로 설명할 뿐 망원경의 구조에 대한 자세한 언급은 없다. 그 시대 장인들이 그러하듯 갈릴레오도 망원경의 제작법을 감추려 한 것으로 보인다.

따라서 그가 망원경에 이바지한 것은 초기 망원경의 개선이었다.

처음으로 망원경을 광학적 측면에서 접근한 이는 케플러였다.

케플러는 1611년에 『굴절광학』(dioptrice)을 발표하면서 비로소 광학기기에 대한 이론적인 토대를 마련했다. 그는 여기서 오목한 접안렌즈를 볼록 렌즈로 교체하면 비록 상이 뒤집히긴 해도 망원경의 효과가 발생할 것이라고 언급했다.

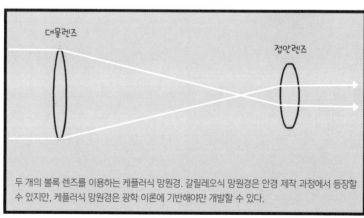

두 개의 볼록 렌즈를 이용하는 케플러식 망원경. 갈릴레오식 망원경은 안경 제작 과정에서 등장할 수 있지만, 케플러식 망원경은 광학 이론에 기반해야만 개발할 수 있다.

케플러식 망원경은 갈릴레오식보다 시야가 더 넓다는 장점이 있다. 하지만 그 외에 뚜렷이 나은 점은 없었고, 오히려 상이 뒤집혀 보이는 단점은 치명적으로 다가왔다.

초기에 망원경이 천문학 연구에 쓰이는 경우는 극히 일부였고, 대부분은 군사적 목적으로 지상 관측에 쓰였기 때문에 상이 뒤집혀 보이는 현상은 관측자를 너무나 불편하게 만들었다. 이런 이유로 케플러식 망원경은 오랫동안 외면받았고, 케플러도 이론만 제안했을 뿐 망원경을 직접 만들어보지는 않았다.

정작 케플러식 망원경을 최초로 만든 이는 예수회 학자인 크리스토프 샤이너였다.

그는 케플러식 망원경을 제작해 1615년 경부터 흑점 연구를 위해 태양의 상을 투사하는 태양 관측 망원경으로 이용했다. 케플러식 망원경은 갈릴레오식 망원경보다 빛을 더 많이 모을 수 있었기 때문에 더 또렷하게 투사된 상을 얻을 수 있었다.

Immiſſione Refractoria compoſita.

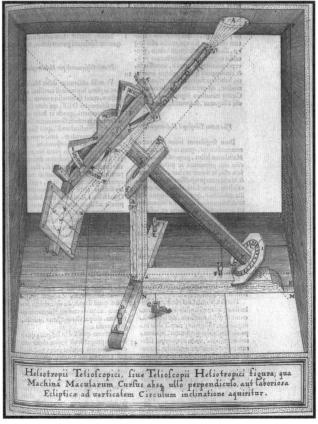

Heliotropii Telioſcopici, ſiue Telioſcopii Heliotropici figura; qua
Machinâ Macularum Curſus abſq; ullo perpendiculo, aut laborioſa
Eclipticæ ad uerticalem Circulum inclinatione aquiritur.

샤이너가 1630년에 출판한 『곰의 장미』(Rosa Ursina)에 실려있는 흑점 연구를 위한
장치. (위) 1611년부터 1627년까지 사용. (아래) 이후 개선한 버전.

1630년대까지도 대부분의 망원경은 갈릴레오의 것을 넘어서지 못했다. 달 지도를 제작하려 했던 페렉은 질 낮은 망원경으로 프로젝트 내내 고생했다. 좋은 망원경은 귀하고 비쌌기 때문에 천문학자들은 구하기 쉽지 않았다. 페렉은 결국 1634년에 갈릴레오에게 망원경을 요청해야만 했다.『별의 소식』이 발표된 지 20년이 지났지만 망원경에 대한 갈릴레오의 권위는 여전히 굳건했다.

좀처럼 이루어지지 않던 망원경의 개선은 17세기 중반으로 가면서 나아지기 시작했다.

갈릴레오, 나폴리의 프렌체스코 폰타나라는 장인에 대한 소문이 자자합니다. 그가 만든 망원경의 성능은 정말 뛰어나다고 하는군요. 그는 자신의 망원경을 이용해 새로운 천문학적 사실들을 발견했다고 주장하며 이를 인쇄물로 제작했다고 합니다.

그래 봤자 아마추어 애송이지.

1630년대 후반부터 나폴리의 장인이 만든 뛰어난 성능의 망원경이 이탈리아를 넘어 유럽의 천문학자들 사이에서 회자 되었다. 갈릴레오에게도 그 소식이 들렸다.

당시 유명한 망원경 제작자였던 나폴리의 프렌체스코 폰타나(Francesco Fontana, 1580~1656)는 나폴리 대학교에서 법학과 신학을 전공하고 스무 살에 박사학위를 받았지만 더는 그 길로 나아가지 않았다. 이후로 폰타나는 수학과 과학을 독학했고, 평생 렌즈를 연마하고 하늘을 관측했다.

드디어 완성했다.

이 달 그림을 본 사람이라면 내 망원경의 진가를 알아보겠지.

천문학에 관심 있는 자라면 내 망원경을 안 사고는 못 배길 거야. 아무렴!

폰타나는 1620년대 후반에 갈릴레오의 망원경 배율을 뛰어넘는 케플러식 망원경을 만들었다. 그는 이 망원경으로 1629년에 달을 관측하고 그림으로 제작했다. 이러한 천문학적 열정의 저변에는 자신의 망원경을 홍보하려는 목적도 있었다.

자존심이 강한 갈릴레오는 처음 폰타나의 이야기를 들었을 때부터 자신의 권위를 흔들려는 그가 마땅찮게 보였다. 갈릴레오는 폰타나에 대해 경멸적인 반응을 보였다.

폰타나는 천체를 관찰해 그림으로 기록했고, 이를 토대로 자신의 주장을 펼쳤다.

학자들은 폰타나의 주장을 신뢰하지 않았지만, 그의 그림은 널리 알려졌다. 몇몇 학자들은 폰타나의 그림을 자신의 책에 도용했다.

폰타나는 노년에 이르러 뒤늦게 자신의 권리를 보호하기 위해 그간의 연구와 함께 1645년~1646년에 집중적으로 관측한 자료를 엮어 1646년에 『*Novae coelestium terrestriumque rerum observationes*』를 출판했다.

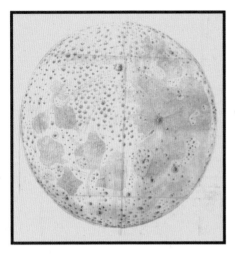
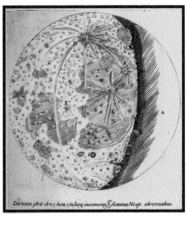

Dirxxx. gbric 1h.+.5 hora 1.in lung incremento f. fontana Ne ap. obreruabas.

그의 책에 실린 달 그림. 명암의 표현에 있어 미숙함이 보이며, 정확성도 많이 떨어진다. 책에는 이 밖에도 망원경과 현미경에 관한 설명과 수성, 금성 등 태양계의 천체들을 관찰한 내용을 실었다.

그의 목적은 명확했다.

"다른 이들이 내 모든 노력의 결과를 자신들의 영광으로 돌린다… 나는 그 모든 것들을 빨리 거둬들이고 싶다."

동판화로 제작된 27장의 달 그림과 그 밖의 천체를 묘사한 26장의 목판화가 수록되어 있는 이 책은 천문학에 있어 삽화가 중심이 된 최초의 책이었다.

그는 책에서 갈릴레오를 칭송하고,

> 천체가 멀어질수록 갈릴레오는 지구의 다른 어떤 것보다 밝게 빛날 것입니다.

케플러를 옆자리에 앉힘으로써 자신을 돋보이려 노력했다.

> 케플러와 나는 지혜를 탐구하는 데 있어 이론과 기술이라는 두 가지 재능을 타고났습니다.

그러나 책에 대한 반응은 냉소와 혹독한 비판이었다. 폰타나는 렌즈에 의한 광학적 왜곡과 실제 천문 현상을 구별하지 못했다.

> 달빛은 태양빛이 달에 반사된 것이라는 갈릴레오 선생님의 주장에 동의하지만 제 뛰어난 망원경으로 관측한 결과로는 달 자체도 약간의 빛을 발산하고 있었습니다.

에반젤리스타 토리첼리(Evangelista Torricelli, 1608~1647). 이탈리아의 물리학자, 수학자이며 갈릴레오의 제자였다. 기압계를 발명한 것으로 유명하며 광학의 발전에 이바지했다.

> 레이니에리* 씨. 나는 천체를 관찰했다는 폰타나가 쓴 책을 가지고 있습니다. 거기엔 멍청한 관찰과 일부는 말도 안 되는 소리가 적혀 있습니다!

하 하 하ㅡ

* 빈첸티오 레이니에리(Vincentio Reinieri, 1606~1647). 이탈리아의 수학자, 천문학자이며 갈릴레오의 제자였다. 그는 갈릴레오를 도와 목성 위성들의 움직임에 대한 천문력을 개선하고자 했다.

아우크스부르크에서도 요한 비젤(Johann Wiesel, 1583~1662)이라는 뛰어난 망원경 장인이 등장했다. 팔츠의 작은 마을에서 태어난 그는 한 때 필경사로 훈련받았지만 어디에선가 광학 기술을 배운 후 1620년 경에 아우크스부르크에 정착했다.

비젤은 뛰어난 실력으로 전쟁터에서 쓸 훌륭한 망원경을 만들었기 때문에 30년 전쟁의 참화가 아우크스부르크를 덮쳤을 때도 작업을 이어나갈 수 있었다.

1643년 가을에 카푸친 수도회의 안톤 마리아 쉬를 데 라이타(Anton Maria Schyrle de Rheita, 1604~1660)라는 수사가 아우크스부르크에 몇 달 동안 머물며 비젤과 교류했다.

158

이후 1645년에 라이타는 『*Oculus Enoch et Eliae, Opus Theologiae, Philosophiae, et Verbi Dei Praeconibus utile et incundum*』이라는 천문서를 출판하며 비젤의 뛰어난 망원경을 사용해 천체를 관측했다고 밝혔다.

17세기 중반에 이르러 두 개, 세 개를 넘어 라이타와 비젤이 협력해 만든 네 개의 렌즈가 부착된 망원경이 등장하기까지 망원경에는 두 가지의 발전이 있었다. 먼저 광학 이론의 발전이었다.

1637년에 출판한 데카르트의 『굴절광학』에 실려있는 삽화를 옮겨 그렸다.

하지만, 당장의 망원경 개선에 있어 이론은 크게 도움이 되지 못했다. 더 직접적인 요인은 장인들의 렌즈연마 기술의 발전이었다.

1666년에 출판한 카를로 안토니오 만지니(Carlo Antonio Manzini)의 『L'Occhialeall'Occhio』에 실려있는 렌즈연삭연마선반을 옮겨 그렸다.

4개의 렌즈를 이용한 비젤의 망원경을 이론적으로 설계를 하더라도, 렌즈의 품질이 좋지 않으면 제작은 불가능하다. 갈릴레오의 망원경이 뛰어났던 이유도 잘 연마된 렌즈 때문이었다. 갈릴레오를 비롯해 당시 망원경 제작자들은 렌즈연마기술을 자신만의 노하우로써 비밀로 간직했다.

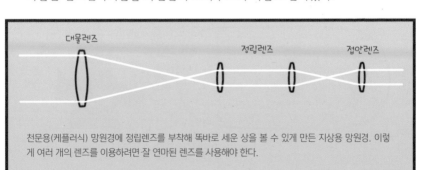

천문용(케플러식) 망원경에 정립렌즈를 부착해 똑바로 세운 상을 볼 수 있게 만든 지상용 망원경. 이렇게 여러 개의 렌즈를 이용하려면 잘 연마된 렌즈를 사용해야 한다.

장인 이폴리토 프란키니(Ippolito Francini, 1593~1653)가 사용했던 개선된 렌즈연삭연마선반. 그는 이 선반으로 노년의 갈릴레오를 도와 렌즈를 연마했다. 만지니의 책에 실린 그림을 옮겨 그렸다.

렌즈연마기술의 발전 덕택에 세 개 이상의 렌즈를 사용해도 깨끗한 상을 볼 수 있었지만, 망원경을 하늘로 돌려 별빛으로 향하면 색수차와 구면수차라는 광학적 문제가 여전히 발목을 잡았다.

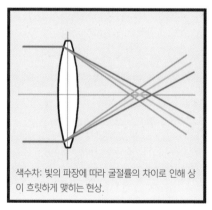

색수차: 빛의 파장에 따라 굴절률의 차이로 인해 상이 흐릿하게 맺히는 현상.

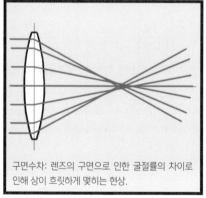

구면수차: 렌즈의 구면으로 인한 굴절률의 차이로 인해 상이 흐릿하게 맺히는 현상.

당시에 이를 해결할 방법은 대물렌즈를 되도록 평평하게 연마하는 것이었다. 렌즈가 평평해질수록 초점거리는 늘어나게 되며 이는 망원경이 길어지는 결과를 낳았다. 이로써 17세기 중반을 거치며 지상 망원경과 천체 망원경은 각각 전문화되어 다른 길을 걷게 된다. 천체 망원경은 점점 길고 거대해졌다.

광학 이론과 렌즈연마기술의 발달로 유럽 각지에서는 뛰어난 망원경 제작자들이 하나둘 등장했다. 이들은 당연히 얼마나 좋은 렌즈를 만들 수 있는지, 그래서 망원경의 성능이 얼마나 좋은지를 홍보해야 했다. 이를 위한 가장 좋은 방법은 다른 망원경이 볼 수 없는 것을 자신의 망원경으론 관측할 수 있다는 걸 제시하는 것이었다.

폰타나나 비젤과 같은 일부 망원경 제작자들은 자기가 직접 혹은 천문학자와 협업하여 천체를 관측하고 이를 그림으로 제작했다. 이러한 천문 인쇄물은 다른 망원경으론 명확히 볼 수 없는 더 멀리 있는 상을 또렷이 볼 수 있는 직관적인 증거였고, 그중에서도 달은 가장 좋은 홍보모델이 되어주었다.

6
———

이름과 은유

편히 쉬시요. 후원자이자 스승이며 친구였던 페렉……

달 지도를 제작해 경도를 측정하려는 페렉의 노력은 예기치 못한 죽음과 함께 미완으로 남게 되었다. 가상디는 떠난 친구를 기리며 4년 간 쓴 『니콜라 파브리 드 페렉, 악상의 상원의원이자 가장 저명했던 이의 삶』(*Viri Illustris Nicolai Claudii Fabricii de Peiresc Senatoris Aquisextiensis vita*)을 1641년에 발표했다.

페렉과 가상디의 시도는 중단됐지만, 그러한 도전을 그들만 한 것은 아니었다. 프랑스의 바깥에서도 달 지도를 제작하려는 이들이 있었다.

랑그렌의 가문은 1500년 중반부터 1600년대 말까지 지도 제작자, 지구본 제작자, 천문학자, 수학자로 유명했다. 자신 역시 스페인의 수학자이자 펠리페 4세의 우주지학자*로서 활동했다.

경도를 정확히 측정하기 위해선 먼저 정확한 달 지도를 제작해야겠군!

미하엘 플로렌트 판 랑그렌(Michael Florent van Langren, 1598~1675).

다른 사람들과 마찬가지로 랑그렌 역시 경도 문제 해결에 걸려 있는 펠리페 3세의 거액의 포상금에 많은 관심을 갖고 있었다. 랑그렌도 지상에서 경도를 측정하는 방법으로써 달에 주목했고, 달의 특징적인 지형에서 빛과 그림자의 이동을 측정하면 훨씬 정확한 측정값을 얻을 수 있음을 깨달았다.

* 우주지학자(cosmographer): 천상과 지상을 포함한 세상을 기술하고 지도화하는 학자.

폴란드의 단치히(현재의 그단스크)에서도 같은 목적으로 달 지도 제작이 진행되고 있었다.

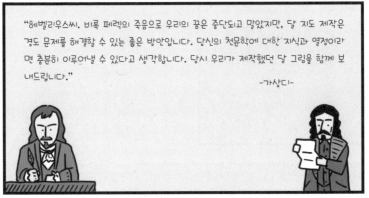

"헤벨리우스씨. 비록 페렉의 죽음으로 우리의 꿈은 중단되고 말았지만, 달 지도 제작은 경도 문제를 해결할 수 있는 좋은 방안입니다. 당신의 천문학에 대한 지식과 열정이라면 충분히 이루어낼 수 있다고 생각합니다. 당시 우리가 제작했던 달 그림을 함께 보내드립니다."

-가상디-

멜랑의 달 그림 사본이 몇 부가 제작되었는지 알 수 없지만, 가상디는 한 부를 헤벨리우스에게, 또 한 부는 갈릴레오에게 보냈다.

단치히의 양조업자이자 의원인 헤벨리우스는 어린 시절 가정 교사 크뢰거 덕분에 천문학에 흥미를 갖게 되었고, 그와 관련한 천문 기구 제작기술도 습득했다. 레이던 대학교에서 법학과 광학, 기계공학을 공부한 후 영국과 프랑스를 여행하며 여러 지식인들과 친분을 쌓았으며, 가상디와도 이 당시 인연을 맺었다.

요하네스 헤벨리우스(Johannes Hevelius, 1611~1687).

1634년 단치히로 돌아온 헤벨리우스는 평생을 이곳에서 머물며 유럽의 과학자들과 활발히 서신을 주고받았다. 1640년대 초 헤벨리우스는 집의 가장 윗층에 천체 관측소를 세우고, 필요한 모든 도구를 직접 제작하며 관측을 시작했다.

천문학자, 수학자이자 헤벨리우스의 가정교사였던 페터 크뤼거(Peter Krüger, 1580~1639). 그는 헤벨리우스를 천문학으로 이끌었다. 둘의 관계는 크뤼거가 죽을 때까지 이어졌다.

관측소는 시간이 갈수록 증축되었다. 헤벨리우스는 양조사업으로 자금이 풍족했기 때문에 천문대의 건설, 장비 및 유지하는 데 드는 모든 비용을 한동안 사비로 충당했다.

반면, 랑그렌은 헤벨리우스만큼 부유하지 못했다. 그는 여러 가지 일들을 동시에 하느라 달 지도 제작에 전념하지 못하고 진행과 중단을 반복했다.

돈, 돈, 돈이 문제야.

벌컥벌컥

경도 문제에 걸려 있는 큰 상금을 벌려면 달 지도 제작에 몰두해야 하는데, 그러기 위해선 돈이 필요하네.

돈을 벌기 위해서, 돈을 벌어야 하는 거지. 역설적이군. 젠장……

이런 속도로 진행해선 달 지도를 영원히 끝내지 못할 거야.

쾅

너무 조급히 생각하지 말게.

푸테아누스*

가장 최선은 후원을 받는 건데……

펠리페 4세한테 걸어봐야겠어.

어떻게 하려고? 무슨 좋은 방도라도 있나?

달의 지형에 그와 그들 왕가의 이름을 붙이는걸세. 어차피 지도를 제작하려면 지역을 나누고 구분하기 위한 지명이 필요하니 일석이조 아니겠나.

글쎄. 후원이 필요하다는 것은 이해하겠네마는, 과연 그런 세속적인 인물들의 이름을 달의 지형에 붙이는 것이 현명한지는 좀 생각해볼 문제일세.

무엇이 문제란 말인가. 밤하늘에 찬란히 빛나는 달에 자신의 이름을 붙인다면 왕도 매우 기뻐하실 게 틀림없네!

* 랑그렌의 친구이자 인문학자, 철학자인 에리시우스 푸테아누스(Erycius Puteanus, 1574~1646).

랑그렌은 펠리페 4세의 후원을 위해 달의 지형에 그의 이름을 붙이긴 했지만, 이는 기본적으로 지도와 지구본을 제작했던 그의 직업적인 배경에 의한 판단이었을 것이다. 그는 지도로서의 효용성을 높이기 위해 달의 지형에 이름을 붙였고, 이것은 매우 중요한 진보였다.

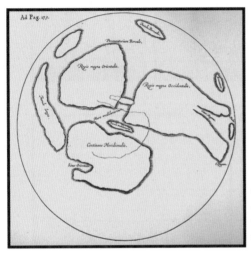

달의 지형에 최초로 이름을 붙였던 이는 육안으로 달을 관측했던 윌리엄 길버트였다. 길버트는 달의 밝은 곳은 물, 어두운 곳은 땅이라고 믿었다.

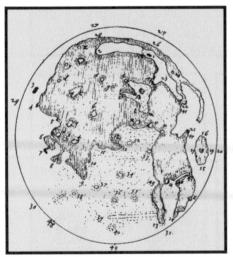

해리엇(왼쪽)과 샤이너(오른쪽)는 간단한 숫자와 알파벳으로 지명을 표시했다.

네덜란드 최초의 지구본(globe)은 1585년에 랑그렌 가문이 제작했다. 랑그렌의 할아버지인 제이콥(Jacob Floris van Langren, 1525~1610)이 제작하기 시작한 랑그렌 가문의 지구본은 네덜란드 항법사들 사이에서 높은 평가를 받았다.

1589년에 제이콥과 그의 아들 아놀드(Arnold Floris van Langren)가 제작한 지구의의 일부.

플랑드르의 지도 제작자 요도쿠스 혼디우스(Jodocus Hondius, 1563~1612)가 1600년에 제작한 천구의.

하지만 초창기 랑그렌 가문의 지구본은 반쪽짜리였다. 당시 지구본은 두 개가 한 세트였다. 육지의 지도가 표시된 '지구의'(terrestrial globe)와 하늘의 지도가 표시된 '천구의'(celestial globe)가 함께 있어야 했다. 하지만 랑그렌 가문은 한동안 천구의를 제작하지 못했다.

랑그렌의 아버지인 아놀드는 천구의 제작에 필요한 자료를 얻기 위해 1590년에 덴마크 천문학자인 티코 브라헤(Tycho Brahe, 1546~1601)가 있는 벤섬을 방문하기도 했다.

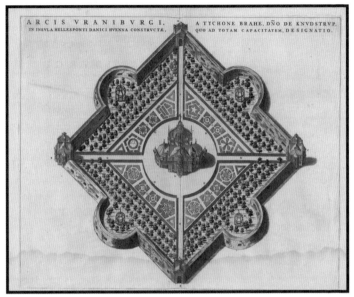

티코 브라헤가 벤 섬에 세운 우라니보르그 천문대(Uraniborg).

지도 제작으로 유명했던 랑그렌 가문이었지만, 사업 수완이 좋지 못했던 아놀드에 이르러 몰락의 길을 걸었다. 그는 늘어나는 부채를 갚지 못해 스페인령인 네덜란드 남부로 도망쳤다.

아놀드는 사업 수완이 좋지 못했지만, 사교성은 뛰어났다. 그는 스페인에서 펠리페 2세의 딸이자 스페인령 네덜란드를 통치하는 이사벨 클라라 에우헤니아(Isabella Clara Eugenia, 1566~1633)를 비롯한 상류층 인사 여러 명과 친분을 다졌고, 이를 디딤돌 삼아 스페인의 우주지학자로 공식 임명되었다.

랑그렌은 아버지의 지위를 이어받아 1630년대 초반 마드리드의 궁에서 지냈고, 이러한 배경 덕분에 이사벨에게 접근할 수 있었다. 랑그렌은 간단히 제작한 달 지도와 자신의 프로젝트를 상세히 설명한 문서를 이사벨을 통해 펠리페 4세에게 전달했다.

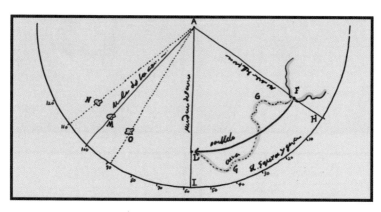

F에서 L로 곡선을 따라 이동을 한다고 가정해보죠.

항해사는 L지점에 정확히 도착했는지 어떻게 알 수 있을까요?

그리고 다시 F로 돌아오거나 혹은 더 나아가 섬 M으로 가려면 항해사는 어떻게 해야 할까요?

프리시우스*는 일찍이 시간의 차이로 경도를 측정할 수 있음을 제시했고, 현재 우리는 그의 이론이 맞다는 것을 알고 있습니다. 경도 15도마다 1시간의 차이가 납니다.

즉, F의 정확한 시간을 안다면 L지점의 경도를 계산할 수 있습니다.

그럼 L지점에서 F의 시간을 어떻게 알 수 있을까요?

정확한 시계가 있다면 간단히 해결될 문제지만, 아직은 요원하기만 하죠.

저는 달을 시계로 이용할 수 있는 방법에 대해 제안드리고자 합니다.

---

* 레지너 게마 프리시우스(Reginer Gemma-Frisius, 1508~1555): 네덜란드의 수학자, 물리학자, 지도 제작자, 철학자. 1530년대 초에 시간의 차이로 경도를 계산할 수 있음을 이론적으로 제시했다.

펠리페 4세는 프로젝트에 지원하는 것을 긍정적으로 생각했다.

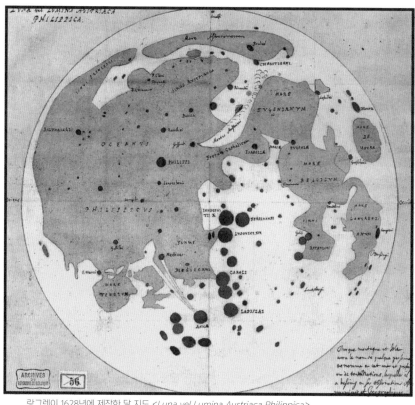

랑그렌이 1628년에 제작한 달 지도 *Luna vel Lumina Austriaca Philippica*.

그러나 1633년 말에 이사벨이 사망하면서 프로젝트에 대한 펠리페 4세의 관심은 빠르게 식었고, 지원도 끊겼다. 결국 랑그렌은 독자적으로 프로젝트를 진행해야 했다.

자신을 지지해준 이사벨 여왕을 위해 마레 에우헤니아눔(*Mare Eugenianum*)이라고 명명한 지역.

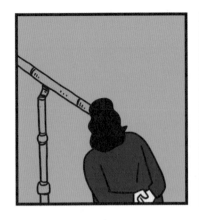

요즘 달 지도 제작은 어떻게 되어가나? 쉽지 않은 일인 건 알지만 그래도 시간이 꽤 지났는데……

목구멍이 포도청이라서 도통 시간이 나야 말이지.

당장 돈 들어오는 일부터 하다보니 달 지도 진행은 지지부진하다네.

이해는 하지만, 과감히 여기에만 집중하는 건 어떻겠나? 막대한 포상금을 생각하면 승부를 거는 게 좋을 듯한데.

이사벨님이 그렇게 가시지만 않았어도……

달 지도를 제작하는 게 자네만은 아니라서 하는 이야기네.

그게 무슨 소린가?

들리는 소문에 의하면, 폴란드의 양조업자인 헤벨리우스와 스페인의 대주교 로브코비츠*도 달 지도를 제작하고 있다고 하네.

대주교야 그렇다 치고, 양조업자가 왜?

양조업자이긴 한데 천문학에 조예가 깊고 천체 관측에도 관심이 많다는군. 자기 집에 천문대도 지어놨다고 하네.

이럴 수가. 그럼 내가 이러고 있을 때가 아니군.

* 후안 카람엘 로브코비츠(Juan Caramuel y Lobkowitz, 1606~1682): 스페인 대주교이자 수학자, 철학자, 작가.

정신을 바짝 차린 랑그렌은 마침내 1645년에 달 지도를 완성해 발표했다.

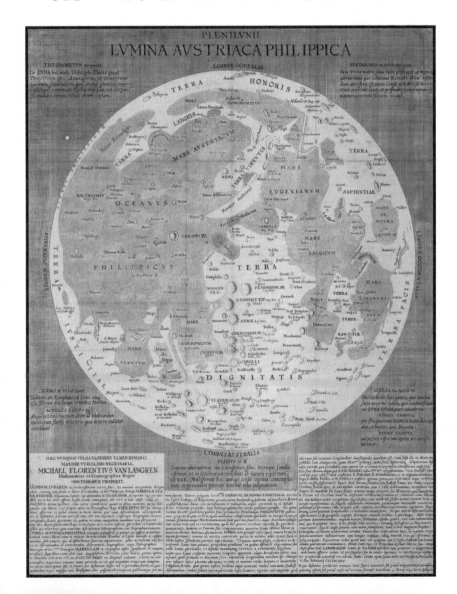

*Plenilunii Lumina Austriaca Philippica*라는 제목의 이 지도에서 랑그렌은 달의 어두운 부분은 '바다', 밝은 부분은 '육지'로 나누었다. 약 300개의 지형을 분류해 여기에 스페인과 오스트리아 합스부르크 왕가의 인물들과 귀족의 이름을 붙였고, 분화구에는 과학자, 만(cape)에는 성직자의 이름을 붙였다. 그가 달 지도에 적용한 명명법은 정치적 의도가 명확했다.

당시 유럽은 기독교와 개신교 간의 극심한 종교 갈등을 겪고 있었다.

유럽의 국가와 도시들은 종교와 이해관계에 따라 양편으로 나뉘어 '30년 전쟁'을 치르고 있었다.

판화가 자크 칼로(Jacques Callot, 1592~1635)가 1632년에 제작한 이 그림에서 '30년 전쟁'의 참상을 엿볼 수 있다.

스페인에 머물고 있었던 랑그렌은 당연히 기독교의 수호자를 자처하는 합스부르크 왕가 편에 서 있었다. 그는 스페인의 펠리페 4세를 비롯해 그들 진영에 속한 인물의 이름을 달 지형에 붙였다. 또한 랑그렌은 어떤 사람의 사회적 지위가 높을수록, 그의 이름을 더 큰 지형에 붙이는 식으로 차등의 원칙을 적용했다.

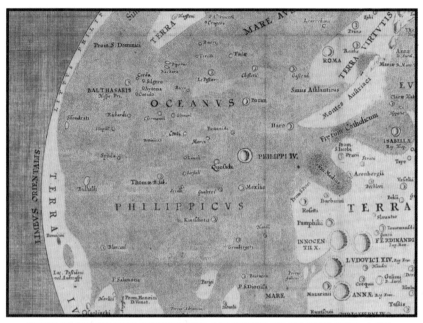

랑그렌은 자신에게 가장 중요한 인물이었던 펠리페 4세를 위해 가장 넓은 바다 지역에 오케아누스 필립피쿠스 (Oceanus Philippicus)라는 이름을 붙였다.

할아버지가 네덜란드에서 그러했듯 랑그렌도 자신의 명명법을 지키기 위해 왕실로부터 독점권을 얻었다. 하지만 친구 프테아누스의 우려는 정확했다. 권력은 영원하지 않았다. 독점권이 무색하게, 그가 달에 붙인 세속적인 이름 대부분은 후세에까지 이어지지 못했다.

거 보게. 내가 뭐랬나.

랑그렌이 탐냈던 경도 문제에 걸린 상금
은 어떻게 되었을까?

랑그렌은 1665년부터 사망한 1675년까지 네 번의 개정판을 내며 달 지도를
수정했지만, 끝내 설명서와 달에 대한 천문력은 완성하지 못했다.

마지막 개정판에 이르러선 경도 문제를 해결하기 위해 달 지도를 제작했다
는 문구는 사라졌다.

헤벨리우스의 달 지도는 랑그렌의 지도가 등장한 지 2년 후인 1647년에 발표되었다. 『월면도』(*Selenographia, sive Lunae Descriptio*)라는 제목의 이 책의 분량은 500페이지가 넘는다. 달 지형 250여 개에 대한 상세한 설명과 헤벨리우스가 달을 직접 관찰해 제작한 다수의 동판화가 실려 있다.

『월면도』에는 각각 다른 스타일로 달을 묘사한 펼침 판형의 달 지도 세 장이 실려 있다. 이 그림은 보름 달 단계에서 관찰한 모습을 상세히 옮겨 그린 것이다.

헤벨리우스는 천문학 역사에서 최초로 칭동 현상을 적용해 달을 그렸다. 하지만 그는 칭동의 이유나 메커니즘을 명확히 설명하지는 못했다. 달의 광학 칭동(optical libration)은 지구의 자전, 달의 기울어진 자전축, 타원형의 달의 공전 궤도로 인해 달이 흔들려 보이는 현상이다. 이로 인해 지구에서는 달의 절반 면이 아닌 약 59% 정도의 면을 볼 수 있다.

명암법을 통해 크레이터를 더 입체적으로 표현한 그림.

달의 칭동 현상은 17세기 초반부터 달 표면에 대한 망원경 관측과 지도 제작 과정에서 인식되었을 것으로 짐작된다. 이를 명확히 언급하고 설명한 사람은 갈릴레오였다. 그는 달을 직접 관찰하고 그림으로 남겼던 『별의 소식』에서는 칭동에 대해 이야기하지 않지만, 1632년에 출판한 『두 가지 주요 세계 체계에 관한 대화』에서는 화자 살비아티의 입을 빌려 칭동에 대해 말한다.

달을 관측해보면 북서쪽과 그 맞은편에 각각 특징적인 얼룩이 보입니다. 한쪽의 얼룩이 달 가장자리와 가까워지면, 맞은편 얼룩은 가장자리에서 멀어집니다.

랑그렌도 달 지도 제작 과정에서 칭동 현상을 깨달았지만, 범례에서만 달 표면의 지점들이 동서쪽으로 혹은 남북쪽으로 흔들린다고 간단히 언급했다. 현대의 연구자들이 랑그렌의 달 지도를 분석한 결과 월면의 경도 오류는 없지만, 위도 오류가 있는 것으로 드러났다. 랑그렌은 칭동 효과를 고려하지 않은 것으로 보인다.

지명이 표기되어 있으며, 지구의 지형처럼 묘사한 달 지도.

헤벨리우스는 랑그렌과 마찬가지로 월면을 육지와 바다로 구분했으며 고대 인물의 이름과 지중해의 지명을 달 지형에 붙임으로써 직접적으로 지구의 이미지를 달에 덧씌웠다. 다만 개신교였던 헤벨리우스는 기독교의 본거지인 로마의 지명만은 사용하지 않았다.

이것을 달이 지구와 같다는 뜻으로 받아들이면 안 됩니다. 저는 단지 달의 지형적 특징을 드러내줄 적당한 비교 대상을 찾지 못했기 때문입니다.

때마침 달의 밝고 어두운 부분이 지중해 동쪽 지형과 비슷한 것을 깨달았고, 그래서 기억하기 쉽고 친숙한 지중해의 지명과 고대 인물의 이름을 달에 붙였습니다.

물론 다른 위대한 천문학자들의 이름을 붙일까 하는 생각을 했던 적도 있습니다.

하지만 분명 나중에 누구의 이름은 넣고 누구는 안 넣었고, 누구의 지역은 더 크고 누구의 것은 더 작다는 불평과 오해가 생길 것입니다. 저는 그런 분쟁을 원치 않습니다.

랑그렌이나 갈릴레오는 왕과 귀족의 이름을 붙였던데, 저는 그런 식으로 상류층의 환심을 얻고 싶지는 않습니다.

그런 행동은 결국 누군가의 질투와 증오심만 불러올 게 뻔하지요.

헤벨리우스는 경도 문제를 해결하기 위해 달 지도를 제작했지만, 그게 전부는 아니었다. 달 지도가 실려 있는 『월면도』는 단순히 달에 대해서만 이야기하는 책이 아니다.

『월면도』의 권두 삽화. 망원경, 독수리, 수많은 눈이 달린 옷을 입은 콘템플라티오 (Contemplatio)는 관찰과 객관적인 시각을 상징한다. 왼편에 있는 아랍의 광학 이론가 알하젠(Alhazen), 오른편에 있는 갈릴레오의 발 밑에는 각각 '이성'과 '감각'이라고 쓰여 있다.

이 책은 렌즈에 대한 이야기로 시작한다. 헤벨리우스는 광학 원리부터 렌즈의 구성과 렌즈를 연삭하는 방법, 망원경의 경통과 렌즈를 장착하는 방법 등을 상세히 설명했다. 책을 보는 누구나 마음만 먹으면 망원경을 제작할 수 있을 정도였다. 그때까지는 누구도 자신의 망원경 제작법을 헤벨리우스만큼 전부 공개하지 않았다.

『월면도』에 실려 있는 망원경 제작에 필요한 기구를 설명하는 삽화.

이 책은 갈릴레오를 비롯해 여러 저자들이 당시까지 천체 망원경으로 관측한 행성, 목성의 위성, 흑점 등 천문 현상을 소개한다. 헤벨리우스는 자신도 그것을 관측했다는 사실과, 이전 저자들보다 오히려 더 향상된 관측 결과를 제시하여 자신의 관측 실력을 입증하려 했다. 그 이후에야 비로소 그는 달에 대해 본격적으로 다룬다.

왜 그는 책을 이렇게 구성한 것일까?

당시의 저는 학자로서의 권위를 갖고 있지 못했습니다.

제가 말하는 것이 망원경 렌즈의 왜곡 현상이나 거짓이 아닌 명확하고 객관적인 '시각적 관찰'을 토대로 했음을 증명하는 방법은 모든 과정을 공개하는 것이었습니다.

누구든 책의 내용이 의심스러우면 책에 나온 방법대로 망원경을 만들어 왜곡이 있는지 검사할 수 있도록요. 그렇게 하늘을 보면 분명 저와 같은 것을 볼 수 있을 것입니다.

헤벨리우스는 이 책을 출판한 이후 망원경 천문학에서 인정받는 권위자가 되었다. 하지만 그의 명명법은 영광을 차지하지 못했다. 헤벨리우스는 최대한 분쟁의 여지와 사심을 배제하고 중립적으로 명명했지만, 그가 붙인 이름도 랑그렌의 이름과 함께 역사의 기억 너머로 사라졌다.

달 지형 명명법에서 최종 승자는 이탈리아 예수회 천문학자인 리치올리(Giovanni Battista Riccioli, 1598~1671)였다.

1636년 볼로냐 대학교

리치올리, 당신의 독실하고 깊은 학식에
늘 탄복하고 있습니다.

하하. 과찬입니다.

혹시 신학서를 집필할 생각은
없으신지요?

이미 훌륭한 분들께서 쓰신 좋은
신학서는 많이 나와있습니다.
제가 거기에 한 권을 더해서
무엇하겠습니까.

그보다 저는 천문서를 쓰고자 합니다.

천문서요?

예수회에서 낸 천문서는 그 수가 아직 부족합니다. 우리 그리스도께서 창조한 이 세상을 탐구하고, 올바르게 알려야 합니다.

천문학은 그리스도께서 제게 내리신 소명이라고 생각합니다.

예수회 신부이자 천문학에 깊은 관심을 가졌던 리치올리는 비앙카니에게 배운 수학을 기반으로 세상을 탐구했고, 헤벨리우스, 호이겐스, 키르허 등 여러 학자들과 서신을 주고받으며 생각을 나눴다. 리치올리는 프톨레마이오스의 이론이 맞지 않다는 것을 깨달았고, 코페르니쿠스 이론의 우아함을 칭찬했다.

그는 직접 실험하고 관측하는 연구자였다. 리치올리는 윗사람을 설득해 금서로 정한 갈릴레오의 책을 살펴 그의 주장을 검토했다.

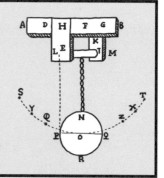

리치올리는 진자의 주기가 진폭과 상관없이 일정하다고 주장한 갈릴레오의 진자의 등시성 실험을 재연했다. 그림은 리치올리의 『새로운 알마게스트』(*Almagestum Novum*, 1651)에 실린 삽화를 옮겨 그린 것이다.

또한 논란과 함께 많은 이들이 검증에 나섰지만 재연이 쉽지 않았던 낙하 실험에도 나섰다.

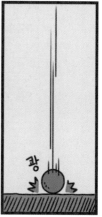

우리는 물체의 무게가 더 무거울수록 바닥과 충돌했을 때 더 큰 소리가 난다는 걸 경험적으로 알고 있습니다.

즉, 소리는 무거운 물체가 더 세게 떨어진다는 걸 말해줍니다. 따라서 무게와 상관없이 모든 물체는 동시에 낙하한다는 갈릴레오의 주장은 매우 의심스럽습니다.

그는 볼로냐의 아시넬리 탑에서 크기와 무게, 밀도가 다른 공으로 낙하 실험해 다음과 같은 결론을 얻었다.

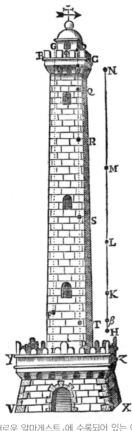

1. 물체의 무게와 밀도가 같다면 지면에 동시에 닿는다.
2. 밀도가 같고 무게가 다르면, 더 무거운 쪽이 먼저 닿는다.
3. 밀도가 다르고 무게가 같다면, 밀도가 높은 쪽이 먼저 닿는다.
4. 크기가 다르고 무게와 밀도가 같다면, 크기와 상관없이 무게와 밀도가 큰 쪽이 먼저 닿는다.

『새로운 알마게스트』에 수록되어 있는 아시넬리 탑 그림. 리치올리는 아시넬리 탑을 사실적으로 묘사한 그림을 실어 독자의 이해를 돕고, 실험의 사실성과 신뢰성을 높이고자 했다. 간단한 실험임에도 불구하고 갈릴레오의 낙하 실험은 거의 시도되지 않았는데, 당시엔 실험을 할 수 있을 정도로 충분히 높으면서 중간에 낙하를 방해하는 돌출물이 없는 건물을 찾기 어려웠기 때문이었다.

이처럼 감각과 이성을 통해 진리를 추구했지만 정작 그가 도달한 곳은 코페르니쿠스가 아닌 티코 브라헤였다.

코페르니쿠스주의자들의 주장대로 지구가 움직인다면 관찰 가능한 결과가 나타나야 합니다.

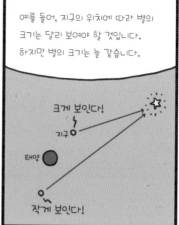

예를 들어, 지구의 위치에 따라 별의 크기는 달리 보여야 할 것입니다. 하지만 별의 크기는 늘 같습니다.

어디에서도 지구의 운동을 뒷받침하는 현상을 관찰할 수 없습니다.

티코의 우주 체계는 프톨레마이오스와 코페르니쿠스 가설의 빈 곳을 완벽하게 채우고 있습니다.

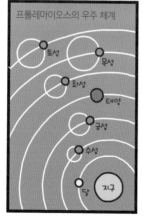

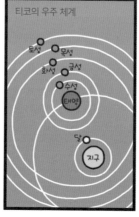

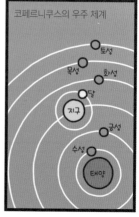

1651년에 리치올리는 커다란 판형과 두 권으로 구성된 1500페이지가 넘는 대작인 『새로운 알마게스트』를 출판했다. 책은 49개의 코페르니쿠스주의자들의 주장과 77개의 반코페르니쿠스주의자들의 주장을 논하며 최종적으로 티코의 우주 체계를 제시했다.

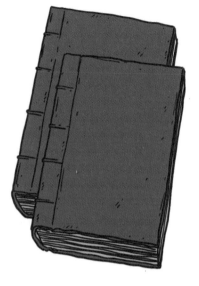

최근 여러 천문학자들이 전통적인 견해에 반하는 코페르니쿠스의 태양중심설을 진실이라 주장하고 있습니다. 단지 수학적 편리를 위해 제안된 행성의 타원 궤도를 실제 행성의 궤도라고도 합니다.

우리는 물리수학적 증명과 실제적인 경험을 통해 그들의 주장이 헛된 것임을 증명할 것입니다.

리치올리는 이 책을 출판하기까지 많은 난관을 넘어야 했다.

그러나 이 책의 목적이 태양중심설을 반박하는 것만은 아니었다. 책은 갈릴레오의 실험을 검증했을 뿐만 아니라 망원경으로 관찰한 행성의 모습, 물체의 낙하 실험과 이것을 뒷받침하는 다수의 측정값과 천문 측정표를 수록해 물리학과 천문학을 최신의 정보로 갱신하고자 하는 의도도 담았다.

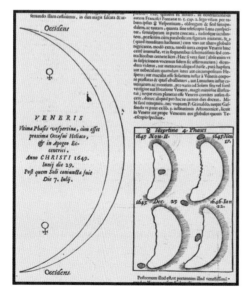

『새로운 알마게스트』에 실려있는 망원경으로 관찰한 금성의 위상 변화를 기록한 그림.

『새로운 알마게스트』의 권두화. 프톨레마이오스의 우주관은 땅에 떨어져 있고, 천문학의 신 우라니아 (Urania)의 저울에는 코페르니쿠스의 태양중심설과 티코의 우주 체계가 걸려있다. 저울이 티코의 천체 모델 쪽으로 기울어져 있는 것에서 이 책이 주장하는 바를 알 수 있다.

그러한 노력의 일환으로 리치올리는 책의 한 장(chapter)을 할애해 달 지도를 수록했다.

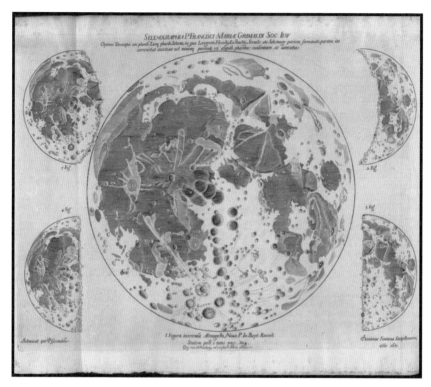

달 지도 작업을 진행한 이는 리치올리가 아닌 예수회 동료인 그리말디였다. 책에서 리치올리는 밤에 달을 관측하기엔 너무 노쇠하여 자신을 대신해 준 그라말디에게 감사의 인사를 표했다.

프란체스코 마리아 그리말디(Francesco Maria Grimaldi, 1618~1663). 리치올리의 예수회 동료이자 수학자, 물리학자. 그는 리치올리를 도와 천체 관측 및 중력 실험에 참여했다.

그리말디는 헤벨리우스의 달 지도를 참조했지만, 최종 결과물은 전혀 달랐다. 객관성에 대한 해석의 차이는 다른 결과를 낳았다.

눈에 보이는 그대로를 객관적으로 묘사한다는 것의 의미는 무엇일까?

눈에 보이는 그대로를 사실적으로 묘사하는 것일까?

아니면 절제된 선으로 양식화하여 그 구조의 본질을 그리는 것일까?

4년 간격으로 등장한 헤벨리우스와 리치올리의 달 지도는 이러한 논의를 보여준다. 둘 다 신뢰성을 위해 자의적 해석을 경계하며 객관적인 자세를 취했지만, 그것을 제시하는 데 있어서 개신교인 헤벨리우스와 기독교인 리치올리는 그들의 종교적 차이만큼이나 정반대의 방법을 취했다.

헤벨리우스는 책 전체에 걸쳐 자신이 직접 제작한 망원경의 성능이 얼마나 훌륭한지, 또한 이를 통한 예리한 관찰과 본 것을 그대로 옮길 수 있는 손을 증명하기 위해 애썼다.

누구든지 망원경을 통해 달을 보면 내 그림과 똑같은 달의 모습을 볼 수 있게 일체의 개인적인 해석을 배제하고 보이는 그대로를 그렸습니다.

눈에 보이는 그대로란 그 사람의 주관이 들어갈 수밖에 없고, 잘못된 정보를 제공할 것입니다. 오로지 그 본질만을 전해야 합니다.

리치올리는 객관적인 표현으로써 도식화한 달 지도를 그렸다. 리치올리는 달의 본질이 무엇인지 언급하지 않았다. 그런 그에게 지구의 지형처럼 달을 묘사한 그림은 주관적인 해석이 반영된 것일 수밖에 없다.

그는 달을 분화구, 밝은 지역, 어두운 지역으로 구분하고, 위치에 맞게 배열했다. 분화구는 아이콘처럼 단순화, 획일화했다. 도식적인 표현에 있어서 리치올리의 지도는 랑그렌의 것과 비슷했다. 하지만 지도 제작자였던 랑그렌의 달 지도는 시각적으로 잘 정리된 반면, 리치올리의 지도는 그렇지 않다.

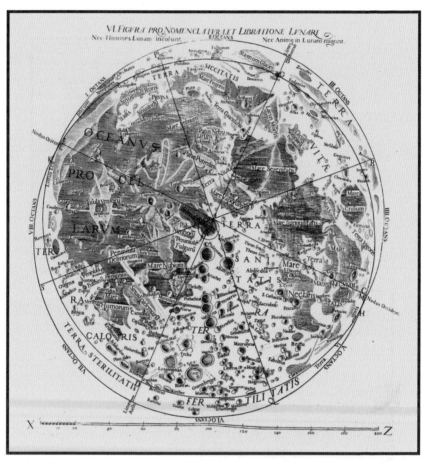

리치올리는 어두운 부분을 바다로 정하고 *Oceanus Procellarum*(폭풍의 대양), *Mare Tranquilitatis*(평온의 바다), *Mare Nubium*(구름의 바다)과 같이 날씨의 상태로 분류해 명명했다. 밝은 부분은 땅으로 정하고 *Terra Caloris*(열의 땅), *Terra Siccitatis*(가뭄의 나라) 등의 날씨나 *Terra Sanitatis*(건강의 땅), *Terra Vitae*(생명의 땅) 등의 비유적 개념으로 이름 붙였다. 분화구에는 철학자, 과학자, 수학자 등의 이름이 붙었다. 그중에는 헤벨리우스, 폰타나 등 당대의 천문학자와 키르허, 샤이너 같은 동료 예수회 학자뿐만 아니라 태양중심설을 주장한 코페르니쿠스, 케플러, 갈릴레오의 이름도 볼 수 있다.

리치올리 지도에서의 마레 세레니타티스(*Mare Serenitatis*, 맑음의 바다) 지역. 이 이름은 지금도 쓰이고 있다. 다음 페이지에서 나오는 랑그렌의 마레 에우헤니아눔과 헤벨리우스의 폰투스 에욱시누스, 모두 같은 지역을 지칭한다.

마레 세레니타티스 지역의 위성사진.

201

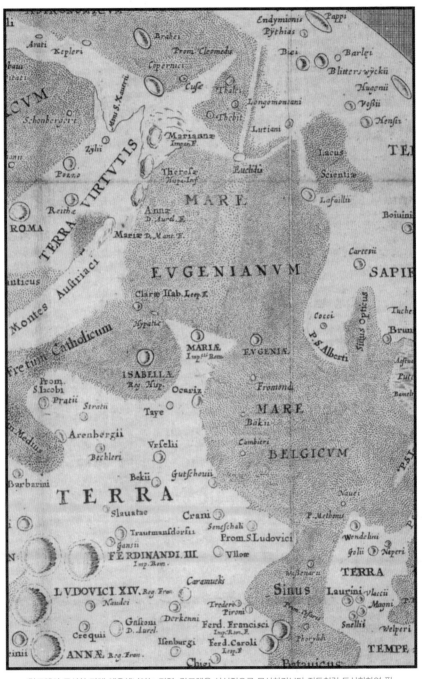

랑그렌이 묘사한 마레 에우헤니아눔 지역. 랑그렌은 사실적으로 묘사하기보다 지도처럼 도식화하여 필요한 정보만 표현했다.

헤벨리우스가 묘사한 폰투스 에욱시누스(Pontus Euxinus: 흑해의 옛 이름) 지역.

리치올리의 명명법이 어째서 랑그렌과 헤벨리우스를 제치고 천문학계에 뿌리내리게 되었는지는 명확히 알 수 없지만, 현재의 명명법은 리치올리의 것을 기본 틀로 하고 있다.

에헴~

리치올리는 양면적인 모습을 한 인물이었다. 그는 코페르니쿠스의 위대함을 칭송했지만, 동시에 예수회의 대변인으로서 지동설을 주장하는 학자들을 비난했다.

우리는 코페르니쿠스의 가설을 완전히 이해하지 못했습니다. 우리가 파고들수록 더 기발하고 가치 있는 것을 발견할 수 있을 것입니다.

궤변과 의심스러운 실험을 근거로 하고 있는 코페르니쿠스의 가설을 진실이라고 가르쳐서는 안 됩니다.

그는 이성과 감각 사이에 균형 잡힌 견해를 가지려 노력했지만, 한편으론 종교적 권위를 인정했다.

감각은 이성, 수학과 같은 더 높은 원리의 증거에 호소해야 합니다. 또한 이성이 먼저 옳은 것을 찾는다면 감각에 의해 확인되어야 합니다.

두 주장의 개연성이 동등하다면 종교적 권위가 선호하는 입장을 선택해야 합니다.

리치올리의 이런 모습은 로마의 눈 밖에 나
지 않기 위한 노력이자 이성과 진실을 희생
한 것으로 해석된다. 그러나 노년에 접어들
면서 그런 혼란스러운 리치올리의 모습은
사라졌다. 그는 점점 더 보수적이고 경직된
자세를 취했다.

달 명명법은 남았지만, 그는 잊혀졌다.

7

믿음의 기준

갈릴레오 이전까지 천문학은 오로지 계산과 기록, 수정의 학문이었다. 육안으로 관측할 수 있는 범위 내에서 새로운 것은 없었다. 망원경의 등장은 이러한 천문학을 비로소 진정한 '관측' 천문학으로 바꿔 놓았다. 망원경은 육안 관측의 한계를 확장시켜 새로운 천문 현상의 발견으로 이끌었다.

따라서 망원경의 성능은 중요했다. 바꿔 말하면 새로운 것을 발견했다는 건 다른 이들의 것보다 더 성능이 좋은 망원경을 갖고 있다는 뜻이기도 했다.

내 것만큼 좋은 망원경으로만 동일한 것을 관측할 수 있습니다.

갈릴레오를 비롯해 여러 저자들은 새로운 천문학적 발견을 주장할 때면 늘 비슷한 단서를 붙였다.

하지만 새로운 발견이 단지 광학적 왜곡이나 저자의 착각 때문인지, 아니면 정말로 좋은 망원경으로만 발견할 수 있는 실제하는 현상인지는 판단하기 쉽지 않았다.

새로운 천문 현상의 '발견'은 좋은 망원경뿐만 아니라 눈에 보이는 현상을 옳게 해석할 수 있는 새로운 지식과 인식의 전환을 필요로 했다. 17세기는 망원경의 성능에 대한 논란과 새로운 해석의 틀이 복잡하게 뒤얽혀 있던 시기였다. 토성은 그 혼란의 중심에 있었다.

토성은 태양계 행성 중에서 유일하게 고리를 갖고 있다. 토성의 자전축은 공전 궤도면에 약 27도 기울어져 있으며, 토성의 공전 궤도면은 지구의 공전 궤도면에 대해 2.48도 기울어져 있다.

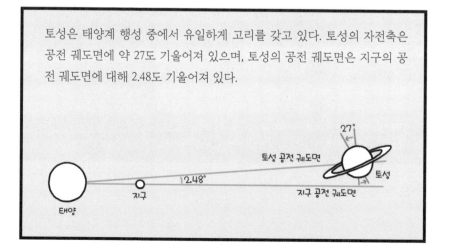

토성이 태양을 한 바퀴 공전하는 데는 약 30년이 걸린다. 이러한 이유로 지구에서 보는 토성의 모습은 30년을 주기로 변화한다.

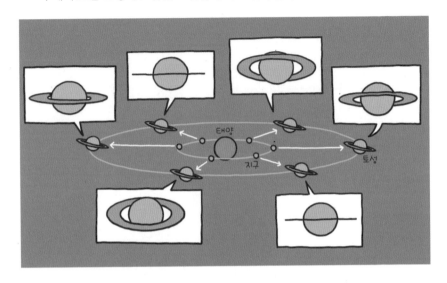

고리를 갖고 있으며 주기에 따라 겉보기 모습이 변화하는 토성은 당시로는 상상할 수 없는 특성을 지닌 천체였으며 열악한 망원경으로 인해 천문학자들에겐 더욱 골치 아픈 수수께끼가 되었다.

카시니 호가 촬영한 토성의 사진.

망원경으로 처음 토성을 관측한 이는 갈릴레오였다. 1610년 7월에 망원경을 통해 본 토성은 큰 구체를 중심으로 양 옆에 작은 구체를 거느리고 있는 모습이었다.

양쪽의 저 작은 구체는 토성의 위성일까?

흥미롭게도 토성의 모습은 망원경에 따라 다르게 보였다.

30배율로 볼 때는 세 개의 구체로 보이고, 낮은 배율로 보면 마치 올리브 열매 같은 타원체로 보이는군.

타원형으로 보이는 건 아마도 망원경의 낮은 성능으로 인해 세 개의 구체가 하나로 뿌옇게 뭉개져서 보이기 때문이겠지.

갈릴레오는 토성이 세 개의 구체이며, 하나의 타원형으로 보이는 건 열악한 망원경 때문이라고 여겼다. 또한 2년 동안 토성을 관측했지만 양쪽 작은 구체의 위치는 변화가 없었기 때문에 그것이 토성의 영구적인 모습이라고 생각했다.

그러한 이유로 갈릴레오는 그즈음 토성을 관측했던 또 다른 인물인 샤이너의 말을 매섭게 반박했다.

토성은 때로는 길쭉한 타원체로, 때로는 길게 두 개로 늘어선……

당신의 망원경이 좋지 않아서 그렇게 보이는 것입니다. 천 번을 넘게 관측한 내가 말하건대 토성은 세 개의 구체로 이루어져 있습니다.

그러나 1612년 말에 다시 관측한 토성은 전혀 다른 모습을 하고 있었다.

1616년 여름의 토성은 또 다른 모습으로 변해 있었다.

갈릴레오는 1616년에 보았던 토성의 모습을 그림으로 남겼다. 토성의 본모습을 알고 있는 우리의 눈에 이 토성 그림은 그다지 이상하게 보이지 않는다. 투시가 약간 이상할 뿐 토성과 이를 둘러싼 고리의 그림이라는 걸 충분히 유추할 수 있다.

갈릴레오는 1616년 토성을 관측하고 페데리코 체시(Federico Cesi)에게 보낸 편지에 실려있는 그림. 이 편지는 분실됐지만, 페데리고 보로메오(Federigo Borromeo) 추기경이 베껴 쓴 사본이 보존되었다.

그러나 갈릴레오의 해석은 달랐다.

> 가운데 위치한 구체 양 옆으로 중간에 검은 삼각형이 붙어있는 커다란 타원형의 구체가 반쯤 가려진 식(eclipse)으로 붙어 있는 모습입니다.

갈릴레오를 비롯해 그 당시 사람들이 알고 있는 천체의 새로운 모습이란 4개의 위성을 동반한 목성과 태양의 흑점이 전부였다. 이러한 인식의 틀 안에서 갈릴레오는 토성의 모습을 위성을 거느린 천체로 해석했다. 토성에 대한 이후의 논의에서도 사람들은 이러한 인식의 틀을 쉽게 깨지 못한다. 그들에게 고리를 두른 천체의 존재는 인식의 영역 밖에 놓여 있었다.

> 토성은 세 개의 겉모습을 하고 있다. 세 개의 구체, 하나의 구체, 두 개의 검은 점이 있는 타원형 구체가 그것이다.

1638년에 주세페 비앙카니의 『Sphaera mundi』에 실려있는 토성의 모습. 원본을 옮겨 그렸다.

1646년에 출판된 폰타나의 책 『*Novae coelestium, terrestriumque rerum observationes*』에 실린 7장의 토성 삽화. 폰타나는 갈릴레오 외에 토성을 꾸준히 관측했던 사람이었다. 그는 좋은 망원경을 갖고 있었기 때문에 토성의 모습을 관측하고 그림으로 기록할 수 있었다. 이 그림은 1630년부터 1645년 사이에 관측한 것이다.

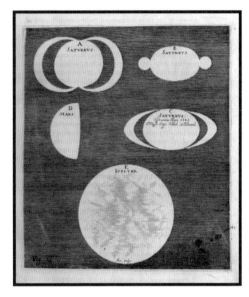

헤벨리우스의 『월면도』에 실려있는
토성 그림.

1640년대 이전까지는 갈릴레오 외에 토성을 체계적으로 관측한 이는 거의
없었다. 그 이후에야 망원경이 개선되면서 토성에 대한 관심도 높아지고,
그 모습을 관측하고 기록한 그림의 수도 증가했다. 그러나 그 다양한 토성
의 그림이 무엇을 뜻하는지 판단과 해석은 쉽지 않았다.

일찍부터 토성에 관심을 둔 또 다른 이는 가상디였다. 그는 1630년대부터 토성을 관측했고, 이에 대해
1649년 발표한 『Animadversiones』에서 자세히 논했다.

학자들은 토성의 기묘한 모습을 보며 나름의 가설을 제시했다.

토성은 양쪽에 손잡이가 달린 타원체입니다.

헤벨리우스

손잡이가 우리가 바라보는 정면에 위치하면 단일체의 모습으로 보일 것입니다.

그러나 그의 가설은 커다란 손잡이가 어떻게 분리된 작은 구체로 변할 수 있는지 명확히 설명하지 못했다.

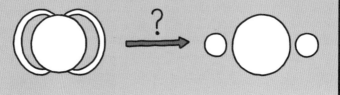

삼구체는 아마도 시각적 왜곡 때문일 겁니다. 멀리 있는 물체의 형상은 동그랗고 뿌옇게 보이잖아요? 비록 우리 눈에는 구체로 보이지만 실상은 둥글지 않을 겁니다.

프랑스 수학자 로베르발은 증기 이론을 제시했다. 그는 토성의 적도 지역에서 정기적으로 증기가 방출되며, 이것이 토성의 다양한 모습을 형성한다고 제안했다.

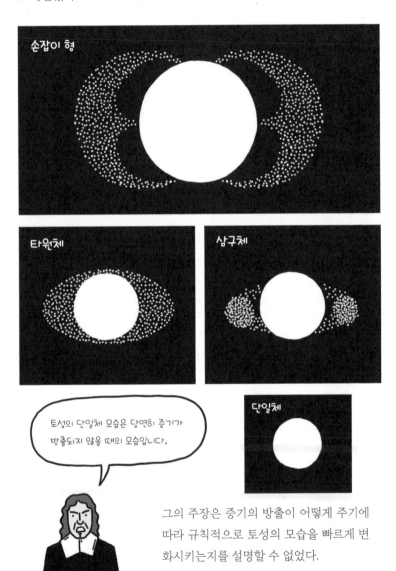

그의 주장은 증기의 방출이 어떻게 주기에 따라 규칙적으로 토성의 모습을 빠르게 변화시키는지를 설명할 수 없었다.

질 페르손 드 로베르발(Gilles Personne de Roberval, 1602~1675).

시칠리아의 수학자 오디에르나는 두 개의 검은 얼룩을 갖고 있는, 가운데 축을 중심으로 회전하는 타원형 구체라고 주장했다. 그의 가설도 삼구체를 제대로 설명할 수 없었다.

조반니 바티스타 오디에르나(Giovanni Battista Odierna, 1597~1660).

영국의 과학자이자 건축가였던 렌은 일식 때 해 둘레로 나타나는 테 모양의 빛(광환, corona)처럼 중심체도 타원형의 광환에 둘러싸여 있으며, 가운데 축을 중심으로 위아래로 회전한다고 주장했다.

크리스토퍼 렌(Christopher Wren, 1632~1723).

이렇게 토성에 대한 여러 가설이 난립하는 가운데, 망원경 성능에 대한 논란도 더해졌다.

유스타키오 디비니(Eustachio Divini, 1610~1685).

1640년 대 후반 로마에서는 디비니가 최고의 망원경 장인으로 명성을 날리고 있었다. 그는 로마를 넘어 유럽 전역으로 시장을 넓히고자 했다. 디비니는 폰타나가 그랬던 것처럼 자신이 만든 망원경의 성능을 입증하기 위해 직접 천체를 관측하고 그림으로 기록한 천문학 포스터를 제작했다.

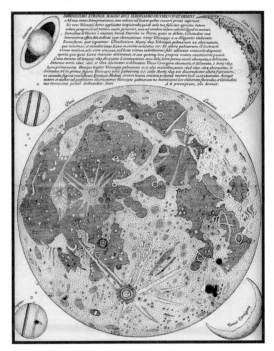

디비니가 1649년에 제작하고 투스카니의 대공 페르디난드 2세에게 헌정한 포스터. 가장 크게 묘사된 달 그림이 눈에 띈다. 그 밖에도 달 주위에는 목성과 4개의 메디치의 별, 토성, 금성이 묘사되어 있다.

포스터 덕분이었는지 디비니의 사업은 날로 번창했지만, 고객만 몰고 온 것은 아니었다. 포스터는 10년 뒤에 디비니를 천문학 논쟁으로 끌고 갈 터였다. 문제가 된 것은 바로 왼쪽 위에 그려져 있던 토성 그림이었다.

1629년 네덜란드에서 태어난 하위헌스는 어려서부터 기하학과 기계에 관심이 많았다. 특히 종종 집에 방문했던 데카르트는 하위헌스에게 많은 영향을 끼쳤던 것으로 보인다. 하위헌스는 16살에 레이던 대학교에 진학해 수학과 법학을 공부했다.

크리스티안 하위헌스(Christiaan Huygens, 1629~1695).

26살에 프랑스로 온 하위헌스는 천문학의 발전이 더딘 것은 렌즈 때문이라고 생각하고 비젤을 비롯해 여러 장인들에게서 렌즈 연마에 대한 정보를 얻어 직접 기술을 익혔다. 하위헌스는 토성을 체계적으로 관측했고, 1659년에 『토성계』(*Systema Saturnium*)를 출판했다.

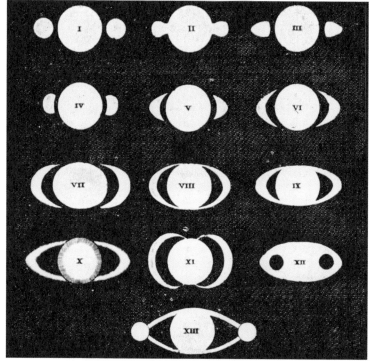

『토성계』에 실려있는 하위헌스가 초창기에 토성을 관측하고 기록한 그림.

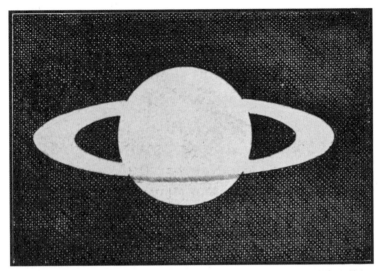

하위헌스의 『토성계』에 실려있는 토성의 그림. 그가 고리를 명확히 인식하고 그렸다는 걸 알 수 있다.

하위헌스는 책에서 기존의 모든 토성 가설을 검토한 후 망원경의 성능이 떨어지거나 부정확한 관측 때문이라고 비판하며 토성은 고리를 가진 천체라고 주장했다. 하위헌스는 주장의 정당성을 내세우는 근거 중 하나로 자신이 만든 망원경의 우수성을 내세웠다.

그 근거로 헤벨리우스는 1656년에 발표한 논문에서 토성 근처에서 발견한 별을 붙박이 별이라고 주장했습니다. 그러나 내가 직접 관측한 결과 그것은 토성의 위성이었습니다.

따라서 내 망원경은 헤벨리우스의 것보다 매우 뛰어난 것으로 입증되었고, 이런 이유로 나는 다른 이들의 관측이 옳은지 그린 지에 대한 판단을 내릴 수 있는 합당한 위치에 있습니다.

비록 그 당시 내가 부주의해서 위성을 붙박이 별로 착각하는 실수를 저지르긴 했지만, 그 이유 만으로 당신의 관측이 더 정확하다는 것은 성급한 주장입니다.

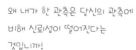

헤벨리우스는 발끈할 수밖에 없었다.

왜 내가 한 관측은 당신의 관측에 비해 신뢰성이 떨어진다는 것입니까!

내가 타원형과 원형도 구분 못하는 멍청이라고 생각하는 겁니까!

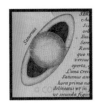

하위헌스가 비판한 대상에는 10년 전 디비니가 발표했던 포스터의 토성 그림도 포함되어 있었다. 디비니는 분명 토성의 고리로 인식될 수 있는 묘사를 했지만 어째선지 이상한 명암을 넣어 인쇄했고, 이것이 문제가 되었다.

특히 디비니에게 민감하게 다가온 것은 하위헌스가 자신의 망원경이 가장 성능이 뛰어나다고 언급한 부분이었을 것이다. 유럽 최고의 망원경 장인이라고 자부하고 선전해 온 디비니에게 이는 명예와 생계를 위협하는 것이었다.

디비니는 즉시 1년 뒤 1660년에 『토성계에 관한 짧은 소견』(*Brevis Annotatio in Systema Saturnium*)>을 발표했다.

디비니는 자신의 망원경의 우월함을 주장하며, 하위헌스의 망원경을 비판했다. 또한 거기서 그치지 않고 티코의 우주 체계에 기반해 토성에 대한 나름의 가설을 제시했다.

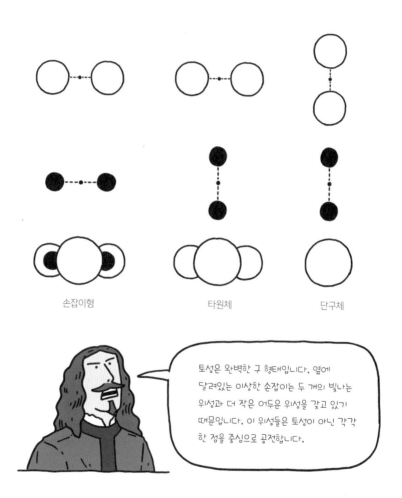

손잡이형   타원체   단구체

토성은 완벽한 구 형태입니다. 옆에 달려있는 이상한 손잡이는 두 개의 빛나는 위성과 더 작은 어두운 위성을 갖고 있기 때문입니다. 이 위성들은 토성이 아닌 각각 한 점을 중심으로 공전합니다.

사실 디비니의 책은 그가 직접 쓰지도 않았고, 자신의 생각만 담긴 것도 아니었다.

1년 전

자기 망원경이 유럽 최고라고?! 하위헌스 이작자, 말도 안 되는 소릴 하고 있어!

당장 이 작자가 얼마나 사기꾼인지, 그리고 내 망원경이 얼마나 훌륭한 지를 보여주는 책을 써서 명예를……

하아~ 망할 라틴어.

비록 디비니가 문맹은 아니었지만, 라틴어를 구사하진 못했기 때문에 당시 로마에 머물고 있던 프랑스 예수회 수학자 파브리에게 도움을 청할 수밖에 없었다.

그러나 둘은 다른 꿈을 꾸고 있었다.

오노레 파브리(Honoré Fabri, 1608~1688).

먼저 내 망원경은 유럽의 어떤 것보다 성능이 뛰어나기 때문에 내가 관측하고 남긴 토성의 그림도 정확하고……

고리를 갖는 천체라고?! 말도 안 돼. 아리스토텔레스의 우주 체계에서 그런 천체는 존재할 수 없어!

파브리는 디비니의 변론을 단순히 라틴어로 번역해 옮긴 것으로 보이진 않는다. 그는 디비니의 『토성계에 관한 짧은 소견』을 통해 하위헌스의 우주론을 반박하고 자신의 우주론을 주장했다. 비록 디비니의 이름이 쓰여 있었지만 사실상 책의 저자는 파브리였다.

분명 디비니의 망원경으로도 토성의 고리를 관측할 수 있었음에도 불구하고 디비니는 예수회 학자로서 파브리의 권위 때문인지 책을 그대로 출판했다.

이렇게 파브리가 가세함으로써 토성 논쟁은 자연철학적인 문제를 넘어서게 되었다. 하위헌스가 『토성계』에서 코페르니쿠스주의를 노골적으로 드러내고 주장하진 않았지만, 그의 토성 가설은 지동설에 기반하고 있었다.

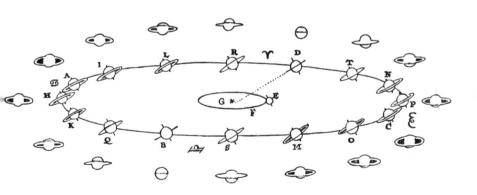

하위헌스의 『토성계』에 실려있는 토성의 그림으로 시각 정보가 잘 정리되어 있다. 그림은 주기에 따른 토성 모습의 변화를 직관적으로 보여주고 있다. 그림에서 보듯 하위헌스는 토성의 겉보기 형태의 변화를 설명하는 데 있어 태양을 중심에 놓았다.

지동설과 관련한 출판을 금지한 가톨릭의 관점에서 하위헌스의 책은 이단이었다. 예수회 신부인 파브리가 디비니의 글을 번역만 하지 않고 적극적으로 개입한 것도 이러한 이유였을 것이다. 토성을 둘러싼 파브리와 하위헌스의 논쟁은 가톨릭 대 개신교, 전통적 우주 체계 대 코페르니쿠스주의가 대립하는 형국이 되었다.

그 가운데에는 투스카니의 레오폴도(Leopoldo de' Medici, 1617~1675) 왕자가 있었다.

하위헌스는 『토성계』를 중요한 후원자였던 투스카니의 레오폴도 왕자에게 헌정했다.

디비니와 파브리의 『토성계에 관한 짧은 소견』 또한 레오폴도 왕자에게 보내는 편지 형식의 책이었다.

레오폴도는 메디치 가의 일원으로서 학자들을 후원했고, 갈릴레오를 기려 아카데미아 델 치멘토라는 실험 중심의 학회를 설립했다. 그러나 그는 로마와의 갈등을 결코 원치 않았다.

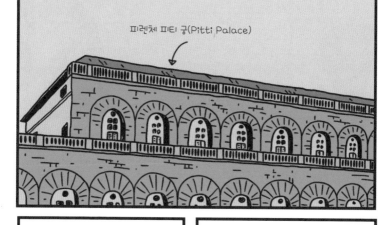

파렌체 피티 궁(Pitti Palace)

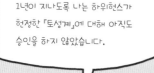

1년이 지나도록 나는 하위헌스가 헌정한 『토성계』에 대해 아직도 승인을 하지 않았습니다.

게다가 며칠 전엔 디비니가 또다시 편지를 보내 하위헌스와의 문제를 빨리 판결해주길 호소했답니다.

하아~ 더 이상 이 문제에 대한 판단을 미뤄서는 안 될 것 같습니다.

여러분들은 하위헌스의 고리 가설에 대해 어떻게 생각하십니까?

그가 기록한 토성에 대한 체계적인 관찰과 여기에서 도출한 논리 정연한 가설은 상당히 가능성이 높다고 생각합니다.

그럼 정말 토성이 고리를 가지고 있는 천체란 말입니까? 그런 천체가 존재할 수 있단 말이요?

갈릴레오가 메디치의 별을 발견하기 전까지는 그 당시 누구도 위성을 가진 천체가 존재할 거라 생각하지 않았습니다.

그랬었지요.

논란이 있긴 하지만 하위헌스의 고리 이론을 지지하는 이들 또한 적지 않습니다.

그럼 파브리 신부가 주장하는 가설은 어떻습니까?

그분의 주장은 너무 억지스럽습니다. 그는 오로지 천동설을 고수하기 위해 토성을 억지로 끼워 맞추고 있습니다.

사실 저도 하위헌스의 주장에 더 믿음이 갑니다. 하지만 여러분도 아시겠지만 토성 가설은 민감한 문제입니다.

하위헌스의 책을 승인하기엔 자칫 종교 논쟁을 불러올 수 있고, 그렇다고 의심스러운 주장을 하는 파브리 신부의 책을 승인하면 학자들의 웃음거리가 될 것입니다.

탁
탁

그렇다고 서로 상반되는 주장을 하는 두 책을 모두 승인하거나 혹은 안 한다면 나와 학회는 줏대 없는 모습으로 비칠 것입니다.

이제 저는 어떻게든 판단을 내려야 합니다.

레오폴도의 의뢰로 아카데미아 델 치멘토의 학자들은 1660년 7월과 8월 동안 토성에 대한 하위헌스와 파브리의 가설을 검증했다. 가장 이상적인 방법은 학자들이 직접 토성의 위상 변화를 관측하는 것이지만 그러기에는 너무 오랜 기간을 필요로 했다. 그들은 빠른 시간에 가설을 평가할 수 있는 새로운 방법을 고안해야 했다.

치멘토의 학자들이 선택한 방법은
모형이었다. 그들은 하위헌스와 파
브리가 주장한 가설을 모형으로 제
작해 설치하고, 주변에 횃불을 두어
태양 빛을 받는 토성을 재현했다.

그리고 75미터 떨어진 곳에서
성능이 차이나는 두 개의 망
원경으로 모형을 관측하고 그
림을 그렸다.

이 자리에는 미리 모형의 형태를
알고 있으면 미루어 짐작할 수 있
으므로 편견 없는 중립적인 관측을
위해 모형의 모양을 모르는 이들을
참가시켰다.

질 낮은 망원경으로 하위헌스의 모형을 관측한 이들 대부분은 삼구체의 모습을 그렸다.

이 실험은 토성의 본모습이 삼구체이며 좋은 망원경으로만 볼 수 있는 정확한 관측이라고 했던 갈릴레오의 주장과 달리, 오히려 고리가 있는 토성을 질 낮은 망원경으로 관측할 때 나타나는 광학적 왜곡이란 것을 증명한 것이었다.

그밖에도 하위헌스의 모형은 기존의 토성 그림들과 유사한 모습을 재현할 수 있었다. 반면 파브리의 모형은 삼구체와 단일체 외에는 토성의 위상 변화를 제대로 재현하지 못했다.

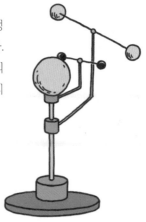

물론 하위헌스의 가설도 완벽한 것은 아니었다.

하위헌스가 주장했던 토성의 고리 모델은 지금 우리가 알고 있는 토성과는
조금 달랐다. 그는 토성의 고리가 두껍고 단단한 물체라고 생각했다.

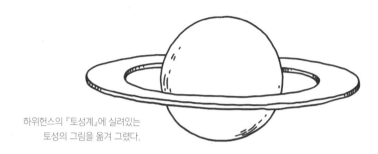

하위헌스의 『토성계』에 실려있는
토성의 그림을 옮겨 그렸다.

일반적으로 하위헌스의 가설을 받아들인 사람들은 토성의 고리가 얇다고
생각했지만, 하위헌스는 결코 두꺼운 고리를 포기하지 않았다. 그는 단일체
의 토성에서 보이는 검고 짙은 띠는 얇은 고리로는 설명할 수 없다고 생각
했다.

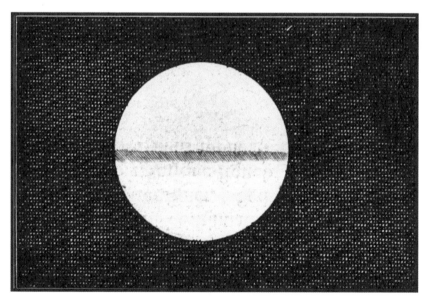

하위헌스의 『토성계』에서 실려있는 토성의 고리 단면.

토성의 두꺼운 고리 끝부분은 빛을 반사하지 않는 물질로 구성되어 있을 것입니다. 그래서 토성의 적도 부분에 짙은 선을 남기면서도 고리는 보이지 않는 것입니다.

빛을 반사하지 않는 부분.

그러한 당신의 가정을 받아들인다면, 우리는 파브리 신부가 주장하는 빛을 반사하지 않는 천체의 존재 또한 받아들여야 합니다.

허블 망원경으로 찍은 토성의 고리 단면. 토성의 고리는 적도면을 에워싸고 있고, 태양은 토성의 적도면을 90도의 각도로 비추기 때문에 진한 그림자가 나타난다.

수고했소.

따라서 토성의 고리가 두껍다는 그의 주장은 이번 실험에서 재현할 수 없었습니다. 두꺼운 고리의 토성 모형을 좋은 망원경으로 관측하면 어떠한 방향에서도 고리를 볼 수 있었습니다. 우리는 하위헌스에게 얇은 고리 모델로 수정할 것을 권고합니다.

하위헌스의 두꺼운 고리 모델은 여전히 미심쩍었지만 마침내 레오폴도는 치멘토 학자들의 평가를 근거로 하여 하위헌스의 책을 공식적으로 승인했다. 레오폴도는 두 사람에게 평가 내용을 알리면서 파브리 신부의 체면과 종교적 갈등을 고려해 하위헌스에게 어떠한 책에서도 이를 언급하지 말도록 당부했다.

또한 그즈음 하위헌스는 디비니의 책을 반박하며 『토성계에 대한 짧은 주장』(*Brevis assertio systematis Saturni*)을 출판했는데 레오폴도는 종교적으로 민감한 부분을 삭제한 편집본을 로마에서 출판했다. 레오폴도는 자연스럽게 하위헌스가 더 설득력 있는 주장을 제시했고 이를 승인한 모습으로 연출하여 중립적인 지적 판단자의 모습으로서 성공적으로 자리매김했다.

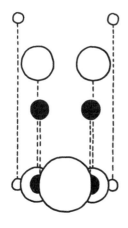

그럼에도 파브리는 단념하지 않았다. 그는 바로 다음 해에 발표한 디비니의 『*Pro sua annotatione in Systema Saturnium*, 1661』에서 손잡이 모양을 설명하지 못한 기존의 자기 이론을 개선한 새로운 모델을 제시했다. 그건 두 개의 위성이 더 추가된 모델이었다. 하지만 파브리 자신도 승부가 결정 났음을 깨닫고 있었다. 그는 책에서 고리 이론에 동의하지 않지만 그렇게 보일 수 있다고 언급하며 후퇴할 길을 열었다.

이렇게 하위헌스와 파브리의 토성 논쟁은 마무리되지만, 불씨는 아직 꺼지지 않았다. 하위헌스가 불을 지폈던 망원경 논쟁은 로마에서 다시 타올랐다.

토성의 고리는 유럽 최고인 내 망원경으로만 관측할 수 있습니다!

디비니와 파브리 신부가 하위헌스와의 논쟁으로 바쁜 나날을 보내는 동안 로마에서는 주세페 캄파니라는 또 다른 망원경 장인이 두각을 나타내고 있었다.

스폴레토 인근의 작은 마을 카스텔 산 펠리체 출신의 주세페 캄파니와 그의 형제는 로마로 이주해 시계 공방을 열었다. 그들은 당시 불면증을 앓고 있던 교황 알렉산더 7세를 위해 조용하면서도 어둠 속에서도 볼 수 있는 수은 시계를 개발함으로써 로마에서의 입지를 다졌다.

주세페 캄파니(Giuseppe Campani, 1635~1715).

언제부터 이들이 렌즈와 망원경을 제작했는지 알 수 없지만, 유명했던 디
비니의 망원경을 구해 연구했던 것은 분명해 보인다.

당신 망원경이 내 것보다 낫다는 소문이
있던데 어디 한번 봅시다. 내 기술을
도용한 것은 아닌지 살펴봐야겠소.

제가 만든 게 아니라 네덜란드에서
들여온 망원경입니다.

캄파니는 디비니와의 경쟁을 피했지만, 그의 명성이 점점 높아지
며 충돌은 시간문제가 되었다.

당시의 이탈리아에는 이미 여러 장인
들이 만든 망원경의 우월을 가리기 위
한 경연(paragone)이 일반화되어 있었
다. 폰타나 망원경은 토리첼리의 망원
경을 제치고 최고의 망원경이 되었고,
디비니는 폰타나를 이기고 그 영광을
차지했었다.

이봐! 요리조리 도망 다니지만 말고 누가 더 뛰어난 지 정정당당히 겨뤄보자고! 내가 지면 당신에게 200 스쿠디를 주겠소. 대신 내가 이기면 당신이 내게 100 스쿠디만 주시요. 난 그 돈을 갖지 않고 좋은 일에 쓰겠소!

어때? 이런 조건이라면 당신은 남는 장사 아니요?!

훗~ 좋습니다.

마침내 자신의 실력이 무르익었다고 생각했는지 캄파니는 디비니의 경연 제안을 받아들였다. 1663년 10월에 피렌체에서 첫 공개 경연이 열렸다. 이 자리에는 교회와 주 정부의 고위직 인사와 과학자들이 참석했다. 첫 경연에서 캄파니의 망원경은 더 선명했고, 디비니의 망원경은 더 크게 볼 수 있었기 때문에 우열을 가릴 수 없었다.

하지만 캄파니가 디비니의 아픈 곳을 건드리면서 경쟁은 격화되었다.

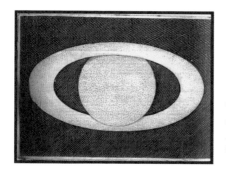

1664년에 출판한 캄파니의 『*Ragguaglio di due nuove osservazioni*』에 실린 토성 그림. 캄파니가 토성의 고리를 명확히 인식하고 표현했음을 알 수 있다.

캄파니는 1663년 토성을 관측하고, 1664년에 토성이 고리를 갖고 있다고 주장하는 책을 출판했다.

1664년 4월 30일 로마에서 열린 경연에는 레오폴도 왕자와 아카데미아 델 치멘토의 관계자가 참석해 그들의 감독 하에 평가 기준을 개선했다. 그건 마치 현재의 시력 측정과 유사한 방법으로 글자의 크기에 변화를 준 시구를 인쇄한 기준표를 관측하는 것이었다.

망원경 경연에서 사용된 아카데미아 델 치멘토의 기준표. 피렌체 국립 도서관에 보관되어 있으며, Van Helden, Albert. "Telescopes and authority from Galileo to Cassini." Osiris 9 (1994): 8-29.에 실려있는 것을 옮겨 그렸다.

하지만 곧 문제점이 드러 났다. 예를 들어 오른쪽과 같이 시조가 적혀있다고 가정해 보자.

태 산 이 높 다 하 되

하 늘 아 래 뫼 이 도 다

오 르 고 또 오 르 면

못 오 를 리 없 건 마 는

사 람 이 제 아 니 오 르 고

제 한 늘 이 하 는 구 나

사람이 제 아니 오르고
뫼만 높다 하는구나

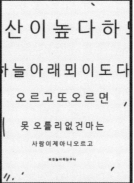

산 이 높 다 하
하 늘 아 래 뫼 이 도 다
오르고또오르면
못 오 를 리 없건마는
사람이제아니오르고
뫼만높다하는구나

사람이 제 아니 오르고
뫼만 높다 하는구나

이처럼 유명한 시조는 잘 보이지 않더라도 얼마든지 유추할 수 있었다.

저 사람들이······이건 바로 앞에서
맨눈으로도 잘 보이지가 않잖아!

이처럼 보지 않고도 단어를 유추하는 것을 방지하기 위해 의미 없는 단어들로 나열하자 이번엔 상대적으로 알아보기 쉬운 단어들이 문제가 됐다.

그래서 모든 단어를 대문자로 바꾸자 다음에는 인쇄 방식이 문제가 됐다. 인쇄하는 과정에서 생긴 눌린 자국 때문에 빛의 각도에 따라 활자에 그림자가 졌기 때문이다. 이러한 그림자는 글자를 인식하기 어렵게 하거나 혹은 쉽게 만들었다. 따라서 눌린 자국이 생기지 않도록 활판을 살짝 찍어서 인쇄해야만 했다.

이렇게 경쟁은 날로 치열해졌지만 승패는 쉽게 갈리지 않았다. 사실 두 사람의 망원경은 성능에 있어 그리 차이가 없었다.

반면, 망원경 외적인 요인에서 디비니는 불리한 입장에 있었다.

내 건 아무렇게나 놓아두고, 자신들 것은 잘 설치해놓다니! 정말 치사하군!

특히, 캄파니 형제의 한 명은 성직자였기 때문에 그의 입은 좋은 홍보 창구였다.

그러면 일찍 오시지 그러셨소~

캄파니는 형제가 한 팀으로 참여한 반면 디비니는 홀로 대응해야 했다. 그들은 디비니를 가능한 한 불리한 입장에 놓이도록 교묘하게 행동했다.

로마의 여러 장소를 옮겨 다니며 디비니와 캄파니의 망원경 경연은 계속되었고, 어느 순간부터 경연은 감정싸움이 됐다. 결국 경연은 결국 흐지부지되고 말았다. 그러나 실질적인 승리자는 캄파니였다.

첫 경연부터 참관했던 아카데미아 델 치멘토의 회원이자 볼로냐 대학교의 한 천문학 교수는 캄파니의 망원경을 맘에 들어했다. 그는 로마를 넘어 유럽 전역에서 명성을 떨치고 있었기 때문에 그가 캄파니의 망원경을 선택했다는 건 최고의 망원경이란 보증이었다.

캄파니의 망원경은 카시니와 함께 17세기 후반의 관측 천문학을 선도할 것이었다.

8

하늘의 지도

성 페트로니오 성당

카시니 자네도 알겠지만 이그나지오 단티가 만든 이 자오선은 정확하지가 않아서 쓸모가 없네.

하루 중에 태양빛이 기둥에 가려서 자오선에 걸치지 않을 때도 있지.

여러 천문학자와 수학자들은 이 자오선을 정확하게 만들려고 검토해보았지만 기술적인 어려움 뿐만 아니라 성당을 함부로 건드릴 수 없었기 때문에 결국 아직도 해결하지 못했네.

자네가 성당 내부를 훼손하지 않으면서 정확한 자오선을 만들 수 있다면 내가 적극적으로 나서서 추천하지. 어떤가?

자네가 이 문제를 해결한다면 볼로냐를 너머 로마에까지 입지를 확실히 다질 수 있을 게야.

알겠습니다. 며칠 말미를 주시면 가능할지 계산해보겠습니다.

조반니 도메니코 카시니(Giovanni Domenico Cassini, 1625~1712)는 1625년 이탈리아 북서부 페리날도에서 태어나 제노바의 예수회 대학에서 천문학을 공부했다. 그를 눈여겨보았던 코르넬리오 말바시아(Cornelio Malvasia, 1603~1664) 후작은 카시니를 볼로냐로 초대해 자신의 천문대를 맡겼다. 카시니는 그곳에서 천문 연구에 몰두할 수 있었고, 이어서 1650년에는 공석이던 볼로냐 대학교의 천문학 교수직에 지원해 임명되었다. 그 뒤로 여러 천문학적 업적으로 명성을 쌓고 있었다.

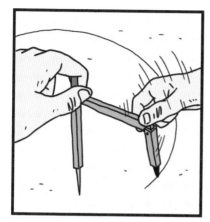

기존의 성당 기둥을 부수지 않아도 그 사이로 자오선을 그을 수 있겠어!

카시니는 기존의 성당 기둥 사이로 자오선을 그을 수 있다는 것을 깨달았고 1655년 6월 12일에 성 페트로니오 성당의 새로운 자오선 건설을 위임받았다.

성 페트로니오 성당의 자오선 문제는 기술적, 정치적으로도 까다로운 문제였음에도 불구하고 아직 사회적 지위가 부족했던 카시니가 이를 맡을 수 있었던 것은 말바시아의 정치적 영향력 덕분이었다.

볼로냐 대학교의 천문학부 카시니 교수는 교회에 어떠한 손상 없이 정확한 자오선을 세울 수 있다고 알려왔습니다. 옆에서 그를 지켜본 바 제가 보증하건대 그의 천재적인 재능과 실력은 이 중요한 문제를 충분히 해결할 수 있습니다.

성 페트로니오 성당의 천장에는 그노몬 홀(gnomonic hole)이라는 작은 구멍이 있는데 이는 태양의(heliometer) 역할을 했다. 구멍을 통해 투영된 태양은 하루 동안 바닥에 그어진 자오선과 정확히 교차해 움직인다. 정오에서 태양의 위치는 1년 주기로 자오선의 남과 북을 오르내린다. 태양의 고도가 가장 낮은 동지점일 때는 투영된 태양의 상이 가장 북쪽에 위치하며, 태양 고도가 가장 높은 하지점일 때 태양 상은 가장 남쪽에 위치한다. 동지와 하지의 중간 지점은 춘·추분점이다. 그리고 한 지점을 기준으로 다시 같은 위치로 돌아오는 기간이 태양년에서의 1년이다. 1년 동안 정오의 태양 위치를 점으로 표현해 1년 동안의 위치를 직선으로 그으면 정확한 남북이 되며 이를 자오선이라 부른다.

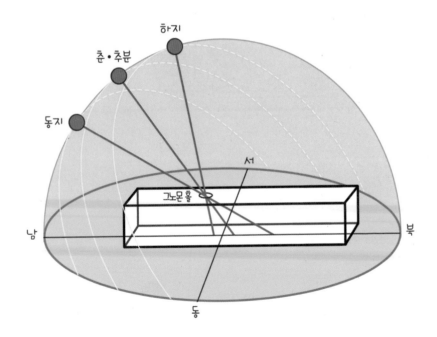

카시니는 단티의 것보다 태양을 투영하는 구멍을 27.07미터로 높였고, 자오선은 66.71미터로 늘렸다. 자오선은 황동으로 만들었으며, 태양의 고도를 표시했다. 카시니의 자오선은 정확히 작동했다. 카시니는 하지 기간이었던 1655년 6월 21일과 22일 동안 볼로냐의 학자들을 초대해 그 정확성을 선보임으로써 세간의 의심을 불식시켰다.

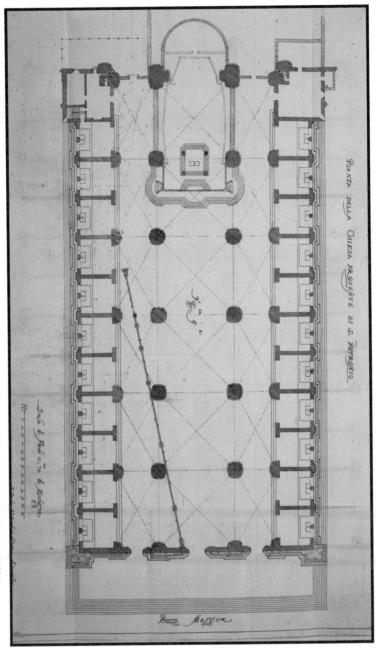

카시니는 1656년에 이에 관한 『성 페트로니오 성당의 자오선』(La meridiana del tempio di S. Petronio)을 출판했다. 그림은 1695년 개정판에 실렸있다.

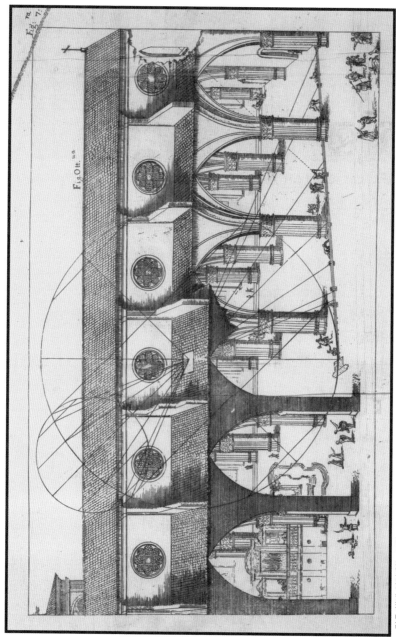

257

성 페트로니오 성당은 카시니 인생의 전환점이 되었다. 카시니는 자오선 문제를 신속하고 깔끔하게 처리함으로써 크나큰 사회적 지위와 명성을 얻었다.

이 성과에 힘입어 볼로냐 시는 그를 공공수역 관리자로 임명해 강과 다리, 운하의 관리를 지휘하는 중요한 임무를 맡기기도 했다.

또한 업무 상 여러 차례 교황을 알현하면서 교황과 주변의 고위층들과의 교류로 카시니의 사회적인 폭은 넓어졌다. 이로 인해 카시니는 한동안 학문과 관계없는 사회적 책무에 시달렸지만, 그 와중에도 틈틈이 하늘을 관측하고, 천문 연구를 수행하며 논문을 발표했다. 그런 그의 옆에는 항상 캄파니의 망원경이 함께했다.

성 페트로니오 성당의 정확한 태양의와 자오선은 천문 연구에 있어서도 매우 쓰임이 많았다. 특히 카시니는 당대의 큰 도전이었던 경도 문제도 관심을 갖고 있었는데, 갈릴레오와 마찬가지로 목성 위성을 이용한 경도 측정 방법에 주목했다. 성 페트로니오 성당의 자오선은 이를 위한 시계가 되어 주었다.

1668년 7월 28일에 성 페트로니오 성당의 자오선에 대한 목성 위성의 식(eclipses)을 기록한 천문력 『*Ephemerides Bononienses Mediceorum Syderum*』을 발표했다. 이것은 경도 측정을 위한 좋은 기준점이 되는 연구로서 그 엄청난 잠재적 실용성 때문에 유럽 전역으로 빠르게 알려졌다.

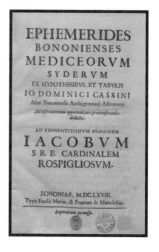

카시니는 경도 측정 방법으로 목성 위성뿐만 아니라 월식을 이용한 방법에도 관심을 가졌다. 1668년 5월 26일 월식에서 로마의 카시니는 달 표면의 여러 지점을 정해 그림자에 들어가는 순간을 측정하고, 파리의 학자들이 측정한 수치와 비교해 두 곳의 경도 차이를 약 41분으로 계산했다.

당시 지도 제작에 관심이 많았던 프랑스는 카시니를 일찍부터 주목하고 있었다.

프랑스의 재상 장바티스트 콜베르(Jean-Baptiste Colbert, 1619~1683)는 과학적 지식이 국력을 높이고 강화할 수 있다고 생각하는 인물이었다. 그는 루이 14세에게 건의해 프랑스 과학 아카데미를 설립하고 과학 연구에 대한 국가 지원을 시행했다. 특히 콜베르는 행정구역을 확실히 규정하여 중앙집권적 정치를 강화하고 국가의 자원을 가늠하고 싶었기 때문에 정확한 지도를 원했다. 그는 아카데미에 영토 측량 방법을 개발하라고 지속적으로 요구했다.

앞서 토성의 고리로 한바탕 활약했던 네덜란드의 하위헌스는 일찍부터 아카데미에 합류해 활동하고 있었다.

프랑스 과학 아카데미는 국내를 넘어 다른 나라의 저명한 학자도 회원으로 영입하려 했는데 그중에는 카시니도 있었다.

카시니는 그에 대한 화답으로 1668년에 월식을 이용한 경도 측정 및 달에 관한 여러 연구 내용과 함께 볼로냐 자오선에 대한 목성 위성의 식을 이용한 천문력인 『*Ephemerides Bononienses Mediceorum Syderum*』을 보냈다. 지도 제작 프로젝트를 추진하려는 콜베르에게 이런 카시니는 너무나 탐나는 인재였다.

프랑스의 루이 14세는 프랑스 과학 아카데미의 새로운 천문대 건설계획에 대한 건으로 카시니를 파리로 초대했다. 로마 교황은 프랑스의 초대가 의심스러웠지만, 단기 체류에 합의하고 카시니의 프랑스 방문을 허가했다. 카시니는 1669년 2월 25일에 로마를 떠나 이탈리아의 여러 도시를 거치며 4월 4일 파리에 도착했다.

교황의 우려는 현실이 되었다. 콜베르는 카시니가 파리에 영원히 머물기를 원했다. 곧 그는 카시니를 파리에 잡아두기 위한 교섭을 시작했다.

카시니 선생, 혹시 볼로냐 대학교에서 받았던 연봉을 알려 주실 수 있겠습니까?

왜 그런 걸 묻는지요?

만약 제가 로마와 볼로냐에서 카시니 선생이 벌어들인 수입 이상을 보전해 드린다면 파리에 머물 의향이 있으신지요?

옛?!

교황과 볼로냐 대학은 카시니를 돌려보내길 요구했지만, 결국 콜베르가 승리했다.

카시니는 1673년에 귀화 서류를 작성하고 프랑스인 장도미니크 카시니(Jean-Dominique Cassini)가 되었다.

앞서 보았듯 카시니는 경도를 측정하는 방법으로 월식에도 관심을 갖고 있었다. 그는 프랑스 왕립 천문대에서 1671년부터 1679년에 이르기까지 지속적이며 체계적으로 달을 관측하고 매우 상세한 달 지도를 제작했다. 그는 1679년 2월 18일에 아카데미에 달 지도 <Chart de la Lune>를 발표했다. 이 달 지도의 직경은 약 54센티미터며, 60여 개의 그림이 제작되었다.

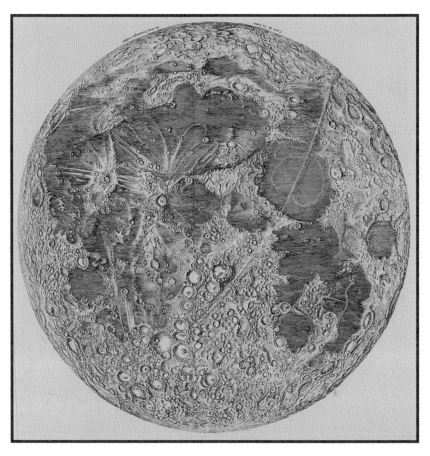

카시니의 달 지도. 한 때는 페렉의 달 지도에 참여했던 예술가 클로드 멜랑이 이 지도의 판화를 제작했다고 여겨졌지만, 현재는 멜랑이 아닌 장 파티니 (Jean Patigny)였던 것으로 밝혀졌다.

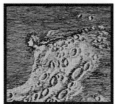

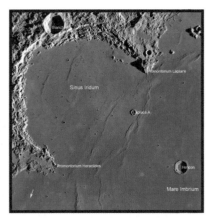

왼쪽 위: 카시니의 지도에서 헤라클레이데스의 곶 (Heraclides Promontorium) 지역은 여성의 옆얼굴로 묘사되어 있다. 이 여성은 카시니의 부인으로 추정된다. 왼쪽 아래: 헤라클레이데스의 곶 지역을 360도 회전한 그림. 여성의 옆얼굴을 뚜렷이 인식할 수 있다. 오른쪽: 같은 지역의 위성사진.

카시니는 아카데미에 합류하자마자 프랑스 지도 제작에 참가했다. 이것은 아주 기나긴 여정의 시작이었다. 이후로 4대에 걸쳐 카시니 가문은 프랑스 지도 제작에 헌신했다. 하지만 프랑스 혁명의 물결은 그러한 노력을 휩쓸어 버렸다. 혁명으로 왕권이 정지되고 이어서 등장한 국민공회는 카시니 가문으로부터 측량과 지도에 관련한 모든 것을 국유화하여 압수했다.

대부분의 비용을 정부가 지원했음에도 불구하고, 카시니와 그 동료들은 마치 자기 것인 냥 '카시니 지도'라고 부르는 것을 두고 볼 수 없소. 지도와 그 원판을 투기꾼 집단의 탐욕으로부터 '전쟁사무국'으로 옮겨 정부가 지도를 언제든지 이용할 수 있게 만들겠소.

영광스러웠던 프랑스 지도 프로젝트는 쓸쓸히 막을 내렸다.

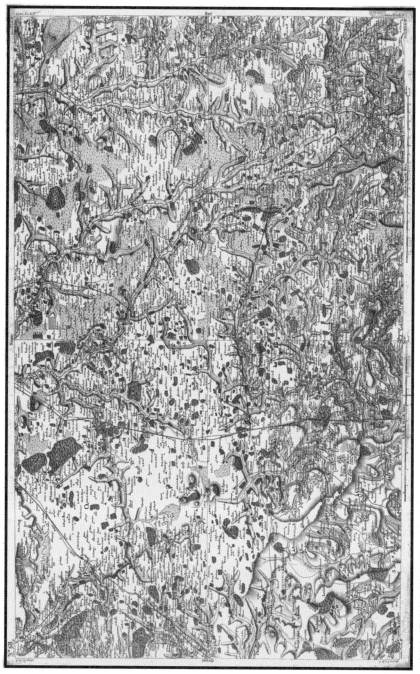

카시니 가문에서 제작한 68번째 프랑스 지도.

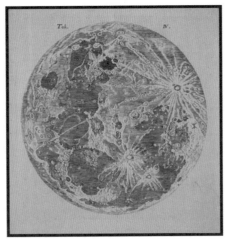

비슷한 시기에 파리의 수학 교수인 필리프 드 라 이레(Philippe de la Hire, 1640~1718)가 제작한 달 지도. 그도 정교한 달 지도를 제작하기로 결심했지만, 달 지도와 관련한 이전의 프로젝트들과 마찬가지로 완성할 수 없었다. 1727년에 출판된 이 지도에는 여러 지점을 정해 월식이 진행되며 그림자에 들어가는 순서대로 번호가 매겨져 있다.

카시니 이후로 한동안 더 새로운 수준의 달 지도는 등장하지 않았다. 약 백 년의 침체기가 지난 후 독일 출신의 요한 토비아스 마이어의 손에서 마침내 정확도가 매우 높은 달 지도가 탄생했다.

요한 토비아스 마이어(Johann Tobias Mayer, 1723~1762).

그는 어려서부터 정식 교육을 거의 받지 못했지만 수학과 드로잉을 독학했고, 이른 나이에 동판화 및 지도를 제작하는 회사에 취직해 지도제작에 관한 실무 능력을 쌓아나갔다. 그곳에서 지상 지도를 제작하며 마이어는 현재의 경도가 정확하지 않다는 것을 깨달았다.

월식과 달 지도를 이용한 경도 측정이란……

리치올리와 헤벨리우스의 달 지도를 이용해보자.

1748년에 출판된 호만(Homann) 지도 제작소에서 일하던 당시 마이어가 그린 지도. 현재의 네덜란드 지역이다.

이 두 지도는 부정확해. 더 정확하지 않으면 경도의 오차가 커서 쓸모가 없겠어.

마이어는 직접 달 지도를 제작하기 위해 달에 대해 공부하는 한편, 1748년 8월 8일의 월식에서 리치올리와 헤벨리우스의 달 지도를 토대로 특정 지점이 그림자에 들어갔다가 나오는 시간을 예측해 보았다.

마이어는 1748년부터 1749년 중반까지 달 지도 제작에 들어갔다. 그는 달의 칭동과 기울어진 자전축을 고려해 여러 군데 고정 점을 정하고 정밀하게 길이를 측정할 수 있는 마이크로 미터로 위치를 보정하여 매우 정확도가 높은 달 지도 를 만들 수 있었다.

그러나 마이어는 이 지도를 발표하지 않았다.

마이어는 1751년에 괴팅겐 게오르그 아우구스 트 대학교의 수학교수로 부임했고, 그의 관심 은 달 지도가 아닌 또 다른 경도 측정 방법으 로 옮겨갔다.

달을 이용한 경도 측정 방법에는 달 지도 외에도 달을 하늘의 시계바늘 삼 아 시간을 측정하는 방식이 있었다.

이 시계를 활용하기 위해선 달과 해, 별 사이의 거리와 위치를 정확히 재야 한다. 하지만 달의 움직임은 너무 복잡해서 정확히 예측하기가 어려웠다. 17세기 말부터 뉴턴을 비롯한 여러 학자들이 달의 운동에 대해 의미있는 연구 성과를 발표했지만, 여전히 정확한 달 위치를 계산하는 건 골치 아픈 문제였다.

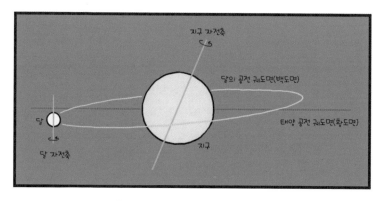

마이어는 달의 운동을 관측하고 연구하는 데 몰두했다. 1755년에 처음 달의 위치표(Lunar Table)를 발표했고, 그 뒤로 계속 개선해 나갔다. 그의 표는 매우 정확해서 이를 이용해 산출한 경도값은 그때까지의 어떤 방법보다 오차범위가 작았다.

죽음은 너무 일찍 그를 찾아왔다. 마이어는 1762년 서른아홉이라는 이른 나이에 생을 마감했다.

그즈음 인류의 영원한 숙제였던 경도 문제는 마침내 해결되었다. 답은 달 지도도, 달 위치표도 아니었다. 영국의 시계 제작자 존 해리슨(John Harrison, 1693~1776)의 손에서 마침내 해상 시계가 탄생했다.

마이어의 달 지도는 그가 죽은 후 친구 리히텐베르크(Georg Christoph Lichtenberg)에 의해 1775년에 출판되었다.

지도의 아름다움을 훼손할까봐 위도선과 경도선 외엔 다른 어떤 정보도 넣지 않았습니다.

현대적인 달 지도의 첫 등장이었다.

에필로그

달을 그리다

17세기 천문학자들은 열악한 망원경으로 밤하늘을 관측하며 정확한 달을 그리려 노력했다. 그 곁에는 예술가들이 있었다. 갈릴레오나 헤벨리우스처럼 관측자가 데생 실력을 겸비했다면 더할 나위 없이 좋겠지만, 그렇지 않다면 예술가와의 협업은 필수였다. 달 지도를 제작하는 기간에는 예술가와 천문학자는 함께 밤을 지새야 했다.

관측한 달을 그림으로 정확히 옮겨 그리는 것은 결단코 쉬운 일이 아니었다. 망원경의 성능이 낮아서 상은 맑지 않았고, 시야각은 좁았다. 몇 번을 정확히 관측해도, 본 것을 종이 위로 옮기는 과정은 불안정하다. 본 것을 정확히 옮겨 그리기 위해선 같은 대상을 몇 번이나 다시 관찰해야 한다.

또한 구조와 본질을 명확히 알지 못하는 상황에서 그 대상을 그림자만으로 파악하는 건 여간 힘든 일이 아니다. 그림자는 대상의 형태에 대한 힌트를 주지만, 늘 옳은 건 아니기 때문이다.

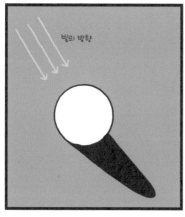

빛이 어떻게 비추느냐에 따라 구의 그림자가 뾰족하게 드리워지기도 하고, 삼각뿔의 그림자가 타원처럼 드리워지기도 한다.

달은 정지해 있는 물체도 아니다. 칭동에 더해 달과 지구, 태양의 운동으로 달의 겉모습은 시시각각 변한다. 그마저도 구름에 가리면 관측을 할 수 없다. 달의 위상 주기는 약 한 달 정도이니, 한번 관측을 놓치면 다음 달까지 기다려야 한다.

그렇게 고생 끝에 데생을 완성해도 끝난 것이 아니다. 인쇄를 하려면 그림을 판화로 옮겨야 한다. 판화가가 데생을 옮기는 과정에서 잘 이해하지 못해 잘못 옮겨지는 것을 방지해야 한다.

이처럼 예술가들은 천문학자의 곁에서 망원경 너머로 보이는 새로운 하늘을 종이 위에 재현하며 관측 천문학의 시작을 함께했다. 또한 빠르게 이 새로운 지식을 화폭에 옮긴 이도 있었다.

산타 마리아 마조레 대성당

276

벽화를 본 페데리코 체시는 기쁜 마음으로 갈릴레오에게 다음과 같은 편지를 보냈다.

치골리의 <성모 마리아의 수태>.

경쟁자들과의 경연을 뚫고 산타 마리아 마조레 대성당의 파올리나 예배당 돔에 프레스코를 그릴 기회를 차지한 치골리는 1610년부터 1612년까지 각고의 노력 끝에 <성모 마리아의 수태>를 완성했다. 그 그림에는 다름 아닌 '갈릴레오의 달'이 그려져 있었다.

어린 시절부터 갈릴레오와 친분을 나눴던 치골리는 독특한 예술가였다. 갈릴레오가 뛰어난 예술적 재능을 가진 학자였다면, 치골리는 학문적 성향이 짙었던 예술가였다. 아카데미아 델라 디세뇨는 물론이요, 이탈리아어의 순수성을 유지하기 위한 학술단체 아카데미아 델라 크루스카(Accademia della Crusca)와 문학과 철학 학술단체 아카데미아 피오렌티나(Accademia Fiorentina)에서도 활동했으며 원근법에 대한 훌륭한 논문도 발표했다.

1611년 여름에 콜레지오 로마노의 수학자들이 갈릴레오의 달 관측을 논한 편지를 읽은 치골리는 자신이 일인 양 흥분했다.

279

사람들은 그가 위대하다고 하지만, 소묘(Disegno)를 배우지 않은 수학자는 평범한 수학자일 뿐만 아니라 '눈'이 없는 인간이라는 걸 깨달았네.

치골리는 학문에 대한 깊은 이해와 관심을 갖고 있었지만 학자는 아니었기 때문에 라틴어를 구사하진 못했다. 그는 1610년 10월에 갈릴레오에게 보낸 편지에서 아직『별의 소식』을 읽지 못했으며, 책을 구했다 하더라도 라틴어로 적혀있기 때문에 이해하지 못했을 것이라고 말했다.

이보게, 날 위해서라도 이탈리아어로 쓰인『별의 소식』을 출판할 생각 없나?

치골리는 일찍부터 능력을 인정받아 메디치 가를 비롯해 여러 유력 가문의 후원을 받으며 피렌체의 예술과 문화계에서 명성을 얻었으며, 로마에서도 성공을 이어갔다. 그만큼 여러 경쟁자들의 견제와 질투에도 시달렸다. 아마도 그는『별의 소식』을 발표한 후 여러 의심과 반대에 시달렸던 갈릴레오의 처지에서 동병상련을 느꼈을 것이다.

갈릴레오와 막역했고, 여러 부분에서 공감대를 갖고 있는 치골리였기에 성당 안에 은밀히 갈릴레오의 달을 표현한 것으로 여길 수도 있다. 그러나 그렇게 중요한 건축물의 벽화를 확인하지 않을 리 없다. 분명 그러한 의미로 '갈릴레오의 달'을 그린 것이라면 교황과 가톨릭을 모욕한 것으로 큰 문제가 되었을 것이며, 호시탐탐 그를 끌어내리려는 경쟁자들 또한 조용히 입 다물고 있지는 않았을 것이다.

1612년 4월 치골리가 갈릴레오에게 쓴 편지를 미루어 보면 예배당의 장식을 책임지고 있던 자코포 세라(Jacopo Serra) 추기경은 그의 그림을 확인했고, 만족했던 것으로 보인다.

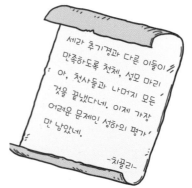

세라 추기경과 다른 이들이 만족하도록 천체, 성모 마리아, 천사들과 나머지 모든 것을 끝냈다네. 이제 가장 어려운 문제인 성하의 평가 만 남았네.

-치골리-

중세 시대부터 성모 마리아와 함께 놓이는 달은 그녀의 순결함을 상징하는 것으로 완전한 구나 초승달로 묘사되었다. 그러나 <요한 묵시록>에서의 마리아의 발 밑에 놓인 달은 그녀가 아닌, 부패하고 변하는 타락한 속세를 상징한다. 치골리가 그린 것은 바로 묵시록의 여인이었고, 그는 타락한 속세를 상징하는 달을 독창적으로 표현하고자 고민한 듯하다. 그런 치골리에게 갈릴레오의 달은 새로운 표현에 대한 좋은 아이디어가 되었다.

12세기에 수녀 란즈베르크의 헬라드(Herrad of Landsberg)가 쓴 백과사전 『쾌락의 정원』(Hortus deliciarum)에 실려있는 <묵시록의 여인>.

<묵시록의 여인>의 발아래 놓인 달에 대한 치골리의 독창적인 묘사는 오히려 교황을 기쁘게 했다. 교황은 벽화를 완성한 치골리를 몰타 기사단의 일원으로 임명했다. 치골리의 그림은 과학과 종교가 양립할 수 있다는 희망에 빛을 비추는 듯했지만 그리 오래가지 못했다. 절친한 친구 갈릴레오와 함께 그 빛이 꺼져가는 슬픈 광경을 치골리는 지켜보지 못했다. 치골리는 벽화를 완성한 그다음 해인 1613년에 세상을 떠났다.

치골리가 표현한 속세를 상징하는 달의 개념은 점차 이탈리아에서 모습을 감췄다. 흥미롭게도 그러한 개념의 달은 스페인으로 옮겨갔다.

루벤스가 스페인 마드리드에서 머물던 시기인 1628년부터 1629년에 걸쳐 그린 <성모 마리아의 수태>.

스페인 화가 바르톨로메 에스테반 무리요(Bartolomé Esteban Murillo, 1617~1682)의 <성모 마리아의 수태>.

스페인 화가 프란체스코 파체코 델 리오(Francisco Pacheco del Río, 1564~1644)가 그린 <미구엘 델 치드와 함께하는 성모 마리아>. 이 그림에서 달은 뒤의 배경이 비칠 정도로 투명하고 깨끗한 수정구로 묘사되어 있다. 파체코는 종교적 성향이 강한 인물로 종교재판의 공식적인 검열관이기도 했다. 그가 생각하는 그림의 목적은 '신에 대한 사랑과 경건함의 육성'을 장려하는 것이라고 믿었다.

치골리의 그림만큼 인상 깊은 규모는 아니지만, 더 이른 시기에 갈릴레오가 보여준 새로운 하늘을 작은 화폭에 그린 이도 있었다.

갈릴레오의『별의 소식』이 출판되며 유럽 전역이 환희와 의심으로 웅성이던 1610년 말, 로마에 있던 한 젊은 예술가의 침실 벽에는 갈릴레오의 하늘이 담겨있는 그림이 걸려 있었다.

아담 엘스하이머의 <성가족의 이집트 여행>.

이 그림은 프랑크푸르트의 재봉사 아들로 태어나 베네치아를 거쳐 1600년에 로마에 정착한 독일인 예술가 아담 엘스하이머(Adam Elsheimer, 1578~1610)가 그린 <성가족의 이집트 여행>라는 작품으로 여러 측면에서 독특한 그림이다.

성가족을 주제로 하는 기존의 종교화와는 달리 엘스하이머의 작품에서는 성가족이 작게 묘사되어 있고, 오히려 배경이 되는 밤하늘이 화폭 가득 펼쳐져 있다. 특히 은하수와 달의 묘사를 보면 영락없이 갈릴레오가『별의 소식』에서 밝힌 천문학적 발견들이 고스란히 표현되어 있다.

밤하늘을 사실적으로 묘사한 이 그림에서 큰곰자리와 사자자리를 읽을 수 있으며 은하수는 단지 뿌연 색으로만 표현한 것이 아닌, 작은 별들이 촘촘히 박혀 있다. 달에는 얼룩이 뚜렷이 묘사되어 있다.

프라 바르톨로메오(Fra bartolomeo, 1472~1517)의 <성가족의 이집트 여행 중 휴식>. 성가족이 중심이 되어 그림을 가득 채운다.

은하수(Milky Way)를 우유에 비유한 것은 대략 그리스 신화에서 기원한 것으로 추정한다. 제우스는 헤라가 잠든 사이에 아기 헤라클레스에게 그녀의 젖을 물리려 하지만 헤라는 잠에서 깨 거부하면서 하늘로 뿜어져 나온 젖이 은하수가 되었다. 위: 1575년 경에 틴토레토(Tintoretto, 1518~1594)가 이 신화를 표현한 <은하수의 기원>. 아래: 루벤스가 그린 <은하수의 탄생>.

엘스하이머가 그린 린체이 아카데미
의 심볼. 원본을 옮겨 그렸다.

엘스하이머는 로마에서 같은 독일인
이며 의사이자 과학자였던 요한 파버
(Johann Faber)의 도움을 많이 받았
다. 파버는 엘스하이머의 친구이자 후
원자였다. 파버 덕분에 엘스하이머는
루벤스와 같은 예술인과 지식인 무리
에 어울릴 수 있었고, 그 사이에서 빠
르게 성장했다. 그는 갈릴레오도 참여
했던 린체이 아카데미 회원이 되었고,
1603년 린체이 아카데미의 첫 간행물
의 권두삽화를 그리기도 했다.

엘스하이머 그림은 갈릴레오의 천문학적 발견을 축하하는 의미가 담긴 것
일까? 갈릴레오의 책을 접하고 이를 반영하여 그림을 그린 것일까? 그러나
그림의 뒤편에는 갈릴레오가 『별의 소식』을 발표하기 전인 1609년에 그렸
다는 작가의 서명이 있다. 갈릴레오는 1609년 7월에 망원경을 만들기 시작
했고, 11월에 처음 달을 관측했다. 시간적으로 보면 엘스하이머는 갈릴레오
의 발견을 그림에 반영할 수 없었다.

엘스하이머는 1609년에 그림을
완성한 후, 1610년에 갈릴레오의
발견을 접하고 별과 달의 얼룩을
추가했을지도 모른다. 파버 또한
갈릴레오의 열광적인 팬이었다
고 하니, 엘스하이머는 갈릴레오
의 소식을 어떤 경로를 통해서든
들었을 것이다.

엘스하이머가 어떤 의도로 갈릴레오의 하늘을 그렸는지는 영원히 알 수 없다. 치골리가 그러했듯 엘스하이머도 1610년에 32세의 젊은 나이로 생을 마감했다.

엘스하이머는 자연을 사실적으로 묘사하던 자연주의 화가였다. 그는 이미 사물을 객관적으로 관찰할 수 있는 눈을 갖추고 있었다. 여기에 더해 주변의 지식인들과 여러 경로로 전해오는 갈릴레오의 소식들은 반드시 『별의 소식』을 접하지 않더라도 달의 얼룩과 은하수의 별을 관찰할 수 있는 생각과 눈을 갖게 했을 지도 모른다.

13세기부터 화가들은 현실과는 동떨어진 양식화, 상징화된 그림에서 벗어나 점차 자연과 인물을 관찰하고 사실적으로 묘사하기 시작했다. 이러한 화가의 눈으로 다빈치는 인체부터 자연과 사물에 이르기까지 세상 모든 것을 관찰했고, 갈릴레오보다 먼저 달의 얼룩을 보았고, 그렸다.

1420년부터 1425년 사이에 그린 얀 반 에이크의 <십자가 책형>(왼쪽)과 <최후의 심판>(오른쪽).

이러한 자연주의 화풍의 토대를 만든 북유럽 회화의 대표적인 예술가인 얀 반 에이크(Jan van Eyck, 1390~1441)가 15세기 초반에 그린 그림의 한쪽 편에는 얼룩진 달의 모습이 그려져 있었다. 달은 훨씬 더 일찍 화폭에 담겨 있었다.

자연철학자보다 먼저 예술가들이 세상을 그리기 시작했다.

관찰과 표현의 과학사
하늘을 그리다

초판 1쇄 발행 | 2020년 6월 29일
초판 2쇄 발행 | 2021년 10월 4일

글·그림 | 김명호

펴낸이 | 한성근
펴낸곳 | 이데아
출판등록 | 2014년 10월 15일 제2015-000133호
주 소 | 서울 마포구 월드컵로28길 6, 3층 (성산동)
전자우편 | idea_book@naver.com
페이스북 | facebook.com/idea.libri
전화번호 | 070-4208-7212
팩 스 | 050-5320-7212

ISBN 979-11-89143-18-3 (03400)

이 책의 국립중앙도서관 출판사도서목록(CIP)은 e-CIP(http://www.nl.go.kr/ecip)와 국가자료공동목록시스템(http://www.nl.go.kr/kolisnet)에서 이용하실 수 있습니다. (CIP 제어번호: CIP2020024797)

책값은 뒤표지에 있습니다. 잘못된 책은 구입하신 곳에서 바꿔드립니다.